KB189807

수학머리
키우는 대화법

우리 아이 수학적 사고력을 길러주는 엄마표 대화 로드맵

수학머리 키우는 대화법

정유숙 지음

로그인

수학 잘하는 아이는
수학적으로 생각합니다

"우리 아이가 수학을 잘하면 좋겠어요." 수학 학원에 온 엄마들도, 수학 책방에 오는 엄마들도 이런 말을 많이 합니다. 그런데 수학을 잘한다는 게 뭘까요? 수학 영재반에 들어가는 것? 유명 수학 학원 레벨테스트에 통과하는 것? 아니면 수능에서 수학 1등급을 받는 것? 수학 시험을 봐서 남보다 높은 점수를 얻으면 정말 수학을 잘하는 걸까요? 가끔 대여섯 살 정도 되는 아이 엄마가 이런 말을 합니다. "우리 아이는 수학머리가 있는 것 같아요. 수에 대해 호기심이 많고, 틈만 나면 수를 쓰거나 세요. 곱셈도 좀 하더라고요." 아마도 수에 관심이 많고, 연산을 잘하면 수학에 재능이 있다, 수학머리가 있다고 생각하는 것 같습니다.

저는 수학을 잘한다는 건 수학적 사고력을 발휘해서 내게 당면한 문제를 해결하는 거라고 생각합니다. 유추, 귀납, 연역, 체계적, 논리적, 통합적, 발전적 사고와 추상화, 단순화, 일반화, 기호화 등을 수학적 사고력이라 말하는데, 이게 바로 '수학머리'죠. 이 책에서는 여러 가지 수학적 사고력(수학머리) 중에 유추, 귀납, 분석, 비판, 반성(메타인지), 통합적 사고 기르기를 목적으로 하려고 합니다. 왜냐하면 수학머리 중에서도 수학 외의 과목에도 영향을 미치는 포괄적인 사고력이기 때문이죠. 이 수학머리가 커야 아이들이 성장하며 더 기호화된 표현으로 수학적 사고력을 발전시킬 수 있어요.

본격적인 수학 공부를 할 때 수학머리는 반드시 필요합니다. 수학머리가 발달하면 규칙을 찾을 수 있게 됩니다(귀납). 직접 배우지 않은 내용도 이미 배운 것을 바탕으로 추측할 수 있게 되고(유추), 내가 풀이한 방법 말고 다른 방법이 없는지 한 번 더 생각해 볼 수 있게 되죠(반성). 내가 잘 틀리는 문제는 어떤 유형의 문제인지 찾아낼 수 있고(분석), 스스로 수학 실력이 어느 정도인지 가늠해 볼 수 있습니다(비판). 따로따로 배운 개념들을 연결해서 더 어려운 문제에도 도전할 수 있게 됩니다(통합). 이런 능력들은

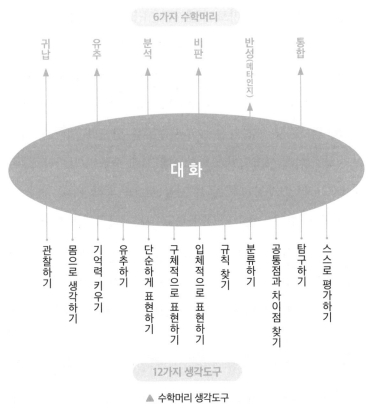

6가지 수학머리

귀납　유추　분석　비판　반성(메타인지)　통합

대 화

관찰하기　몸으로 생각하기　기억력 키우기　유추하기　단순하게 표현하기　구체적으로 표현하기　입체적으로 표현하기　규칙 찾기　분류하기　공통점과 차이점 찾기　탐구하기　스스로 평가하기

12가지 생각도구

▲ 수학머리 생각도구

학년이 올라갈수록 수학을 잘하기 위해서 반드시 필요합니다.

물론 수학머리 없이 유아, 초등 시기의 아이들이 자기 수준보다 높은 수학 지식을 배우고 있는 아이들도 있습니다. 이해는 못했지만 보고 따라 하다 보면 외워서 할 수 있게 됩니다. 수학머리 없이 하는 수학 공부는 일시적으로 수학을 잘하는 것처럼 보일 수 있지만 잠재적 수포자로서 불안감을 안고 살게 될 것입니다.

어린아이가 처음부터 수준 높은 수학머리를 가질 수는 없습니다. 오랜 시간에 걸쳐 수학머리를 개발해야 하죠. 이 책에서 말하는 '생각도구'는 이러한 수학머리를 형성하는데 기초가 되는 활동을 말합니다. 아이가 수영을 배운다고 생각해 봅시다. 수영다운 수영을 해내기까지 아이는 발차기, 호흡하기, 팔 젓기를 배우고, 키판을 잡고 연습하고, 또 연습을 해야 해요. 이런 연습이 쌓여 모든 연결 동작이 무의식중에 일어나면 아이는 비로소 수영을 잘할 수 있게 됩니다. 수영이 수학이라면, 수영 기본동작들은 '생각도구'가 되지요. 기본기가 충실해야 수영 기록을 단축할 수 있듯이 수학의 '생각도구'를 충분히 단련해야 수학머리를 개발할 수 있습니다.

이 과정에서 엄마의 능숙한 대화법이 필요합니다. 아이가 관심을 보이지 않을 때는 아이보다 먼저 물어보고, 아이가 무언가 골똘히 생각하고 있다면 아이가 입을 열 때까지 충분히 기다려야 합니다. 호기심에 질문이 많아진다면 짜증 내지 말고 같이 고민해 주세요. 이해할 수 없는 행동을 한다면 나중에 이유를 물어보고, 짧은 단어로 생각을 말하면 아이가 쓴 단어를 이용해 긴 문장으로 다시 말해 주세요. 제가 아이들과 대화하며 수학머리를 키워보니 균형 잡힌 대화가 필요하더라고요. 엄마와 아이의 말의 합이 100이라면 엄마가 80, 아이가 20인 경우도 있고, 엄마가 20, 아이가 80인 경우도 있어요. 서로 대화하면서 엄마 50, 아이 50으로 균형을 맞춰가라는 거지요. 엄마가 아이에게 뭔가를 알려줄 욕심을 가지면 말에 힘이 들어가고, 말의 양이 많아지죠. 그럼 아이가 시작도 하기 전에 흥미를 잃을 수 있습니다. 반대로 너무 무관심하게 말해도 아이는 활동에 몰입하기 어려워집니다. 이 사이에서 적절하게 균형을 잡는 것, 그것이 제 수학머리 대화법의 핵심입니다.

제가 아이들과 했던 활동들은 놀이에 가까워요. 물이 무서우면 수영을 시작할 수 없듯이 수학도 무섭다, 싫다 이런 느낌이라면 곤란하겠죠. 재밌다, 즐겁다는 긍정적인 정서가 느껴져야 해요. 수영장 가는 길에 맛있는 것도 먹고, 물놀이도 하면서 물과 친해지듯이 수학 그림책을 읽으며 엄마랑 부비부비도 하고, 공원에서 나뭇잎을 주우며 신나게 뛰고, 버스 타고 여행도 하면서 자연스럽게 수학과 친해지는 기회를 만들어 주는 거예요.

실제로 저는 아이들과 문제집을 연달아 풀지도, 수학경시대회나 영재원 시험에 도전하지도 않습니다. 평범한 아이들이지요. 대신 다양한 생각도구 활동을 즐깁니다. 때론 역사와 수학을 엮어서, 때론 미술과 수학을 엮어서 온몸으로 수학을 합니다. 수학머리가 생기면 아이들은 문제집을 많이 풀지 않아도 수학 공부가 쉬워집니다. 어느 날 둘째 정근이가 이런 말을 하더군요.

"엄마, 초등학교 수학은 교과서만 공부해도 충분한 것 같아요."

아이들은 수학을 어렵다고 느끼지 않고, 다른 과목도 수월하게 배웠습니다. 수학적 사고력은 학습의 근간이 되는 능력이니까요. 수학 문제뿐 아니라 진로 문제, 친구 문제 등 생활 속의 크고 작은 문제를 해결할 때도 이 수학적 사고력을 발휘하여 합리적인 선택을 합니다.

이 책에서는 12가지의 '생각도구'를 바탕으로 저희 아이들과 6가지의 '수학머리'를 키워간 이야기가 담겨있습니다. 독자 여러분들도 우리 집만의 수학 활동을 시작해 보세요.

엄마 쑥샘

수학 학원에서 아이들을 가르치며 수학머리를 키우는 것이 얼마나 중요한지 깨달은 쑥샘. 갑자기 좋은 아이디어가 떠오르면 아이들과 꼭 해봐야 직성이 풀리는 행동파지만, 어렵고 힘든 건 싫어서 언제나 간편하고 쉬운 걸 찾아요. 가장 참을 수 없는 건 재미없는 것! 첫째 경환이를 키울 땐 고군분투했고, 둘째 정근이를 키울 땐 경험치가 쌓인 데다 마음에 맞는 동아리까지 결성해 재미있는 일을 더 크게 벌이곤 했답니다.

아빠

아이들이 함께 가자고 하면 어디든 따라나서는 따뜻한 감성의 소유자. 엄마가 보내는 신호를 알아채고 아이들에게 잘 호응해 주지요.

첫째 경환이

감성적이고 섬세한 아이. 책을 읽을 때는 중간에 질문하는 걸 싫어해서 일단 끝까지 다 읽고 나서 말을 걸어야 해요. 동생이 장난을 걸어도 어지간하면 받아주는 마음 넓은 형이에요. 운동을 좋아해서 지루하고 어려운 활동도 몸을 움직이게 하면 좋아해요. 호기심이 생겨서 활동에 참여하기보단, 일단 하다 보면 호기심이 발동되는 아이랍니다.

 둘째 정근이

좋아하는 걸 발견하면 깊이 빠져들고 끝장을 보는 아이. 책을 읽으며 티키타카 하는 걸 좋아해요. 지금까지 좋아했던 게 많지만 몇 가지 꼽으면 포켓몬, 해리포터, 별 등이 있지요. 5살 터울 형을 따라다니며 어깨너머로 경험치가 쌓여 동아리 친구들과 함께할 땐 친구들을 이끌곤 한답니다.

 '아이와 함께 하나 둘 셋' 동아리 친구들

정근이와 친구들, 그리고 엄마들이 모여 활동했던 동아리. 친목 모임이면 흐지부지될 것 같아 학부모 동아리로 만들어 열심히 해보았죠. 경환이 때 꿈만 꾸던 여러 가지 활동을 동아리 친구들과 맘껏 해보았어요.

 '실천짱 봉사단' 회원들

가장 어린 초등학교 2학년 정근이부터 중학생 경환이, 고등학생 누나들, 부모님들까지 함께 활동했던 가족봉사단. 처음엔 서로 어색했지만, 나중에는 봉사활동으로 똘똘 뭉쳤어요. 정근이는 지금도 그때 이야기를 해요.

집은 우리의 터전이자 놀이의 베이스캠프예요. 가장 편안하고 오랜 시간을 보내는 장소입니다.

 도서관은 우리에게 분류 체계를 알려주고 관심 분야를 발견하게 해주는 곳입니다.

 동네는 관심 없이 보면 매일 똑같은 곳이지만, 의미를 부여하면 매일 새로움을 주는 곳입니다. 이 책에 담긴 에피소드들은 제가 살았던 서울 용산구 청파동이라는 동네를 배경으로 합니다. 살고 있는 동네에는 어떤 재미가 있을지 공원, 버스 정류장 등 주변을 한번 둘러보세요.

도시를 탐험하는 것은 동네의 확장 버전이에요. 도시에는 역사가 담겨있지요. 박물관, 전시회, 미술관, 동물원 등 다양한 체험 공간들도 있죠. 제가 사는 곳이 마침 서울이라는 큰 도시였을 뿐, 지금 사는 동네를 포함하는 더 큰 행정구역을 도시로 설정하면 됩니다.

여행지는 내가 사는 곳이 아니면 모두 해당됩니다. 박물관, 천문대, 유적지 등을 갈 수도 있고, 휴양지나 해외도 갈 수 있죠. 어디를 갈지 결정하는 순간부터 이동하는 과정, 보고 듣고 즐기고 맛보는 모든 여정에 수학이 있습니다.

● 보이지 않는 것을 보는 눈을 뜨게 하라 ──────

유추하기① 오행으로 유추 맛보기

유추하기③ 반전동화로 유추의 함정에서 벗어나기

단순하게 표현하기① 피카소로 추상 세계 만나기

● 주의 깊게 듣게 하라 ──────

기억력 키우기① 팟빵 듣고 녹음하며 기억력 높이기

단순하게 표현하기② 전래동화 읽고 대화하며
핵심 파악하기

● 직관의 눈을 키워라 ──────

규칙 찾기① 달의 변화 관찰하기

규칙 찾기② 태양 그림자 기록하기

탐구하기② 별자리 찾으며 호기심 확장하기

● 손끝으로 수학을 느끼게 하라 ──────

관찰하기① 나뭇잎 관찰로 수학 시작하기

구체적으로 표현하기② 현대미술로 아름다운 수학 느끼기

● 길 위의 수학자로 길러라 ──────

몸으로 생각하기① 매일 가는 길도 다양하게 탐험하기

몸으로 생각하기③ 뚜벅이 여행으로 측정 감각 익히기

규칙 찾기③ 버스 번호로 수 감각 깨우기

탐구하기③ 대중교통으로 스스로 해결하는 힘 기르기

탐구하기④ 낯선 도시에서 배움의 기회 열어주기

/ 차례 /

1장   재미있게 놀면서

수학 활동 시작하기

2장 지식과 경험을 쌓으며

생각도구 키우기

3장 호기심을 파고들어

생각도구 단련하기

4장 세상을 탐구하며

수학적 사고력 굳히기

재미있게 놀면서
수학 활동 시작하기

세상을 **관찰**하고
몸으로 생각하며
오래오래 **기억**하기

나뭇잎 관찰로
수학 시작하기

수학머리 생각도구	추천 연령	수학 놀이터
관찰하기	5~6세	공원

일상생활에서 수학이 어떻게 쓰이는지 알고 싶다면 제일 먼저 해야 하는 건 '관찰'입니다. 수학 문제를 풀 때도 제일 먼저 문제를 관찰해야 규칙을 찾을 수 있고, 간단한 모양으로 바꿀 수 있어요. 관찰을 잘하는 아이는 주변 현상을 수학 외에도 미술, 과학, 국어 등 여러 분야로 연결할 수 있는 능력을 키우기 쉽습니다.

　아이가 5~6살 무렵에 나뭇잎 그리기를 하면 매번 똑같은 모양으로 나뭇잎을 그립니다. 어리니까 그럴 수 있지요. 그런데 정말 아이 눈에 모든 나뭇잎이 똑같이 보일까요? 아니면 다르게 보이는데 그리는 능력이 없는 걸까요? 저는 궁금했습니다.

그즈음 우연히 프랑스 아이들(5~6살)의 수업 다큐멘터리를 봤습니다. 아이들이 삼삼오오 짝지어 나가서 보도블록 위에 종이를 깔고 파스텔로 긁어보는 수업이었어요. 벤치, 건물 벽, 분수대 등 종이만 댈 수 있으면 다 긁어서 다양한 무늬를 모은 후에 비슷한 무늬끼리 나누는 작업이 이어졌어요. '미술 수학이라니? 너무 멋진걸.' 저도 제 스타일로 수학을 멋지게 하고 싶어졌습니다.

오감으로 만나는 나뭇잎

우리 동네 공원은 수종이 다양한 편이어서 나뭇잎 관찰하기에 안성맞춤인 장소입니다. "날씨도 좋으니까 오늘은 공원에서 나무를 그릴까?" 평소처럼 A4용지와 스케치북, 색연필, 4B연필이 든 종이 가방을 챙겨 공원으로 향했습니다. "경환아, 나뭇잎이 어떻게 생겼는지 안 보고 그릴 수 있어?" 아이는 삐뚤삐뚤 나뭇잎을 그려서 보여줍니다.

> 😀 **엄마**: 아~ 나뭇잎이 이렇게 생겼구나. 그런데 정말 나뭇잎이 이렇게 생겼을까? 지금부터 진짜 나뭇잎은 어떻게 생겼는지 관찰해 보

자. 관찰은 뭐로 하지? 눈, 코, 입, 귀, 손?

🧒 **경환**: 눈이요.

👩 **엄마**: 맞아. 눈으로 해. 그런데 사람 눈은 모든 걸 다 볼 수 없어. 그래서 만져보기도 하고, 소리도 들어보고, 냄새도 맡으면서 관찰을 한단다.

🧒 **경환**: 엄마, 그냥 나뭇잎이 어떻게 생겼는지 보기만 하면 안 돼요? 저는 나뭇잎 냄새는 맡고 싶지 않아요.

👩 **엄마**: 그래? 그럼 다른 방법을 써보자. 우선 나뭇잎 생김새가 다르다고 생각되면 사진을 찍는 거야. 앞면, 뒷면 다. 그리고 살짝 만져봐. 앞면도 만져보고 뒷면도 만져보고 어떤 차이가 있는지 생각해 보는 거야. 바닥에 떨어져 있는 나뭇잎이 있으면 주워도 돼. 말려서 다른 재미있는 것도 해보자.

우리는 나뭇잎을 찾아다니며 사진을 찍었어요. "엄마, 이거 좀 보세요. 이 나뭇잎은 가시 같은 게 있어요. 가시가 엄청 뾰족해요." 가까이 가서 보니 장미였어요. "여기까지는 잎이고, 여기부터는 줄기라고 해. 줄기에 가시가 있지. 조심해야 해." 아이는 조심스럽게 장미잎을 만져보며 신기해합니다. "엄마, 이것도 나뭇잎이에요?" 아이가 가리킨 것은 맥문동(불사초)잎이었어요. 우리 동네 공원에는 맥문동잎이 헤아릴 수 없을 정도로 많아요. 맥문동잎은 가늘고 좁고 길어요. "어, 나뭇잎이야. 한번 만져봐 어떤 느낌인지." "음, 고양이 수염 같아요. 손으로 스윽 한꺼번에 만지면 다다닥 일어나요."

아는 만큼 보인다

이번에는 솔잎을 주워들어서 물어요. "엄마, 이것도 나뭇잎이에요?" 제대로 신이 났네요. "어, 그건 솔잎이야. 꼭 바늘 같지? 겨울왕국처럼 추운 나라에는 바늘같이 뾰족한 잎이 있는 나무가 많대. '뾰족한 잎 나무'를 세 글자로 줄여서 뭐라고 하는 줄 알아?" "뾰잎나?" "하하하, 침엽수라고 해. 뾰족할 침針 나뭇잎 엽葉 나무 수樹. 한자로 이름을 붙이면 글자 수를 줄일 수 있어."

　말이 길어진 사이에 아이는 벌써 다른 나뭇잎을 찍으러 가버렸습니다. "엄마, 이 잎은 진짜 커요. 엄마 손바닥보다도 더 큰 거 같아요." "그 잎은 플라타너스잎이야. 이름이 너무 멋있지 않니? 버즘나무라고도 하는데 엄마는 그 이름보다 플라타너스라는 이름이 좋더라." "플라~ 뭐라고요? 이름이 어렵네. 근데 진짜 잎이 커요." 아이는 플라타너스잎으로 얼굴을 가리며 놀라워했어요. "플라타너스는 '넓다'라는 그리스 말에서 유래했어. 엄마가 좋아하는 철학자 플라톤 있지? 그분도 어깨가 넓어서 플라톤이라고 했대."

아이에게 어떤 단어를 이야기해 줄 때는 그 단어의 유래나 속 뜻을 함께 이야기해 주는 편입니다. 새로운 지식을 얻는 건 단어 에서 시작되는 경우가 많거든요. 단어는 일종의 개념 상자에요. 수학에서도 용어 안에 개념을 담아서 표현해요. 수학 용어는 다 른 단어에 비해 경계와 위계가 분명하지요. 그래서 용어에 민감 해져야 해요.

예를 들면 초등학교 6학년 수학 교과서에는 비와 비율이라는 단원이 있어요. '비, 비율, 비의 값'이 비슷해 보이지만 서로 달라 요. '비'는 사과 2개는 배 3개의 몇 배인지 2:3으로 나타낸 것을 말 하고, '비율'은 사과가 배의 몇 배인지를 분수(2/3)나 소수(0.666...) 로 나타낸 것을 말해요. '비의 값'은 배를 1로 봤을 때 사과의 값 을 2/3로 나타낸 것을 말하고요.

우리나라 수학 용어는 대부분 한자어로 되어 있어서 평소에 새로운 단어를 만나면 어떤 뜻의 한자일지 생각해 보는 습관이 중요합니다. '나뭇잎 관찰하기'라는 활동을 하는 중에도 나뭇잎 이름이나 성질에서 아이가 처음 듣는 단어를 말할 수 있으니까 요. 단어에 대한 민감성은 어릴 때부터 육감처럼 키워주는 것이 유리하답니다.

나뭇잎에서도 수학을 찾을 수 있다

아이가 주워 온 나뭇잎은 예상보다 훨씬 종류가 다양합니다. 공원 한편에 돗자리를 깔고 앉아 나뭇잎을 놓아 봅니다.

🙂 **엄마**: 와! 10개도 넘는 것 같아.

😊 **경환**: 이건(솔잎) 다른 나뭇잎이랑 다르게 뾰족하고 특이하게 생겨서 예쁘고요. 이건(플라타너스잎) 내 얼굴보다 커서 신기해요. 이건 (장미잎) 진짜 나뭇잎 같아요. 끝이 삐쭉삐쭉해서 예뻐요.

🙂 **엄마**: 그럼 장미잎만 진짜 나뭇잎인 거야? 네가 생각하는 진짜 나뭇잎을 여기에 모아보자.

😊 **경환**: 이거(장미잎), 이거(참나무잎), 이거(대추잎)요.

🙂 **엄마**: 그럼 나뭇잎이 아니라고 생각했는데 나뭇잎이었던 건 뭘까?

😊 **경환**: 이거(솔잎), 이거(맥문동잎)요.

🙂 **엄마**: 훌륭하네. 이렇게 나뭇잎과 나뭇잎이 아니라고 생각했던 나뭇잎으로 갈랐잖아. 이때 팀을 나눈 기준은 모양인 거야. 장미, 참나무, 대추, 플라타너스처럼 잎 모양이 넓적한 나무를 '넓을 활활 나뭇잎 엽葉 나무 수樹'를 써서 활엽수라고 해. 경환이는 잎이 넓은 애들만 나뭇잎이라고 생각했던 거야.

😊 **경환**: 아, 그럼 저는 다음에 나뭇잎 그리기를 할 때 솔잎을 그릴래요.

막대기처럼 찍찍 그으면 끝이잖아요!

아이들은 단순한 이미지들을 '진짜'라고 생각할 수 있습니다. 해바라기 꽃 그림을 좋아하던 아이가 꽃밭에서 해바라기가 피어 있는 걸 보면 놀랄 거예요. 그렇게 큰 줄 몰랐을 테니까요. '꽃'을 좋아하는 아이가 '장미'를 꺾으려 했다가 장미 가시에 혼쭐날 수도 있고요. 꽃을 관찰하며 아이는 자기가 아는 꽃이 전부가 아니라는 걸 알게 되죠. 장미, 개나리, 벚꽃, 목련 등 생김새가 다른 꽃이 있다는 걸 알게 되고, 이렇게 다 다르게 생겼어도 모두 다 꽃이라고 부를 수 있는 공통점이 있다는 것도 알게 됩니다.

이렇게 기준을 세운 다음, 공통점을 찾아 묶고 차이점을 찾아 가르는 것이 분류하기입니다. 이 분류하기가 수 감각을 익히기 전에 하는 활동 중 하나라면, 관찰하기는 그 활동보다 먼저 해야 할 '종합감각활동'이라고 할 수 있겠네요. 이제 나뭇잎 관찰에서 시작하는 수학이 눈에 보이나요?

박물관에서 그림 그리며
지적 호기심 자극하기

수학머리 생각도구	추천 연령	수학 놀이터
관찰하기	9~10세	박물관

국립중앙박물관은 보물창고 같은 곳입니다. 갈 때마다 새로운 볼거리가 있고, 뛰어놀 수 있는 공간이 있으며, 도시락 먹을 장소도 충분해 아이가 초등학교 다닐 때까지는 수시로 가서 의미 있는 시간을 보내기에 좋습니다.

우리 가족은 큰애가 초등학교 2~3학년 무렵 일없는 주말이면 국립중앙박물관에 갔습니다. 저는 아이들과 함께 어느 공간에 방문할 때, 특히 참새가 방앗간 드나들 듯 자주 갈 곳이라면 그 공간이 편해야 하니까 엄마가 먼저 적극적으로 관찰해 둡니다.

엄마가 관찰한 박물관

이촌역에서 내려 국립중앙박물관까지 아이들 걸음으로 얼마나 걸리는지 천천히 걸어봅니다. 박물관 입구에 편의점이 있네요. 박물관 관람 전에 간식을 먹이는 게 좋으니 눈여겨봐 둡니다. 오른쪽에는 연못이 있지만 아이들 눈에는 별로 대수롭지 않은 풍경이겠죠? 박물관으로 올라가는 계단은 낮지만 계단참(계단 구간 사이에 평지로 된 공간)이 길어서 아직 어린 둘째는 조심해야겠네요. 계단을 다 오르니 마당이 매우 넓고 계단 끝에 뻥 트인 풍경이 눈에 띕니다. 액자 속에 담긴 것처럼 남산타워가 선명하게 보입니다. 아이들이 좋아할 만한 공간입니다.

드디어 건물 안으로 들어갑니다. 로비에 의자도 있고, 옷을 넣어둘 수 있는 물품 보관함도 보입니다. 아이들을 데리고 오면 여기서 외투를 벗고 편하게 다닐 수 있게 해야겠다고 생각해 봅니다. 저는 입구에 들어서면 제일 먼저 화장실을 찾습니다. 금강산도 식후경이고, 박물관 구경도 화장실이 1번이니까요. 아이들과 기념으로 사 갈 만한 것들이 있을지 기념품 상점도 미리 봐 둡니다.

박물관 입구에서부터 초등학생들이 무척 많습니다. 선생님이 인솔해 온 아이들도 있고, 엄마가 데리고 온 아이들도 있습니다. 삼삼오오 모여 선생님의 설명을 듣고 박물관을 구경하네요. 오디오 설명을 들으며 관람하기도 합니다.

박물관에서 설명을 들으며 관람하는 건 효율적이긴 한데, 누구를 위한 걸까요? 아이들? 아니면 어른들? 아이들은 보통 궁금하지 않으면 묻지 않고, 물어도 대답이 길어지면 듣지 않습니다. 박물관에 가서 유물을 보기로 해 놓고 설명을 길게 하면 어떤 아이가 집중하고 새겨들을까요? 그래서 전 아이들과 처음 박물관에 가면 하는 게 거의 없습니다. 아이들은 먹고 마시고, 넓은 마당에서 뛰어놀다가 박물관 계단에 앉아 음악을 듣거나 쉬다 오지요. 엄마의 눈과 귀와 머리만 바쁘게 돌아갑니다.

스스로에게 몇 가지 질문을 해봅니다. 나는 왜 아이들을 데리고 박물관에 오려고 하는 걸까요? 아이가 초등학교 4학년이 되면 사회 교과서에 문화재나 특산물이 나올 것이고, 그걸 바탕으로 5학년에는 역사를 배울 거니까 미리 박물관에 가 보는 거지요. 박물관 수업도 많은데 굳이 직접 애들을 데려오는 이유는 뭘까요? 유물을 매개로 아이와 대화할 수 있으니까요. 초등학교 2학년이면 아이의 어휘력이 확 뛰어오를 나이인데 엄마와 일상 대화만으로는 단어 유입이 너무 적고, 책으로 어휘력을 높이기에는 아직 책 읽는 수준이 높지 않아 생활 단어 수준밖에 접할 수 없으니 새로운 매개가 필요하다고 생각했습니다.

더불어 관찰력과 상상력, 추론 능력을 키울 수 있는 소재를 찾는 중이었는데, 그러기에 유물이 최적이지요. 게다가 박물관은 안전한 장소라고 생각해서 둘째까지 함께 활동하기에 적합하다고 여겼습니다. 이제 적절한 학습 방법을 찾으면 됩니다.

박물관에서 아이와 이렇게 대화해 보세요

저는 아이와 박물관에서 대화할 때 질문의 시작이 엄마면 안 된다고 생각합니다. 그럼 아이 입에서 먼저 질문이 나오게 하려면 어떻게 해야 할까요? 뭔가 궁금하게 해야겠죠? 전 관찰한 대상을 그림으로 그려보는 활동을 추천합니다. 완벽하게 그리지 못해도 괜찮아요. 관찰하는 행위가 목표입니다.

선사·고대관부터 들어갑니다. 아이가 궁금해하는 게 나올 때까지 기다릴 생각이지만 마음속으로는 다른 건 몰라도 '농경문 청동기'는 보게 하리라 생각했지요. 큰애는 주먹도끼나 빗살무늬토기를 봐도 시큰둥했고, 농경문 청동기가 있는 곳까지 와도 아무 말이 없었습니다. 결국 제가 나설 수밖에 없는 상황이었습니다(이럴 때는 궁금증을 유발해 주세요).

👩 **엄마**: 경환아, 이건 농경문이야. 엄청 조그만데 유리에 따로 보관되어 있지? 그만큼 귀한 물건이라는 뜻이야. 농경문은 기원전 5세기쯤 만들어졌다고 하는데, 지금으로부터 약 2500년 전에 만들었다고 생각하면 돼. 저게 어떤 건지 모르겠지만 한번 그려볼까?

👦 **경환**: 엄마, 이거 엄청 작네요. 실제 크기에요?

👩 **엄마**: 농경문 아래에 안 적혀 있었니?

👦 **경환**: (쪼르르 가서 글자를 읽어봅니다.) 길이 13.5cm라고 쓰여 있어요. 진짜 이만하게 만들었나 봐요. 이걸 뭐 하는 데 썼을까요? 농경과 관련된 제사를 지낼 때 썼던 의식용 도구라는데, 농경이 뭐예요?

👩 **엄마**: 네 생각엔 뭔 거 같니? 농으로 시작하는 비슷한 말이 있어.

👦 **경환**: 농사?

👩 **엄마**: 맞아, 농사야. 이 농사를 지으며 생활하는 사람들이 모여 사는 걸 농경사회라고 말해.

👦 **경환**: 그때는 농사를 지을 때 제사를 지냈다는 거예요?

👩 **엄마**: 그럼! 지금처럼 기상청이 없으니 언제 비가 올지 알 수 없으니까 절박한 마음으로 기도했을 거야.

👦 **경환**: 음, 그렇구나. 그럼 의식용 도구는 뭐예요?

👩 **엄마**: 엄마랑 성당 갔을 때 신부님 옷 입은 거랑 황금색 잔 봤잖아. 성당에서는 미사가 일종의 의식이거든. 그럼 농경사회의 제사장도 신부님처럼 멋진 옷을 입고, 평소에는 안 쓰는 장식용 띠 같은

걸 두르고 의식을 치르지 않았을까? 그럴 때 썼던 도구라는 뜻
이야.

그 모든 게 수학이라니

아이와 어떤 활동을 할 때 아이만 하고 엄마는 기다리는 것은 함
께 활동하는 것이 아닙니다. 아이가 경험의 바다로 뛰어들 때 엄
마도 함께 뛰어들어야 그 시간이 아이에게도 엄마에게도 즐거운
추억으로 남는 것이지요. 경환이와 저는 잠시 아무 말 없이 함께
그림을 그렸습니다. 길이 13.5cm밖에 안 되는 농경문을 그리느
라 한 시간 넘게 꼼짝없이 앉아 있었죠.

　침묵을 깨고 아이가 묻습니다. "엄마, 저 이거 그리려고 하는
데 뭔지 잘 몰라서 못 그리겠어요." 농경문은 왼쪽 아랫부분이 거
의 없었는데 연결된 부분의 그림을 그리기가 어려웠나 봅니다.
저는 자세한 건 몰라서 이야기해 줄 수 없으니 직접 가서 설명문
을 읽어보고 오라고 했습니다. 아이는 막중한 임무를 띤 것처럼
씩씩하게 농경문 쪽으로 갑니다. 사람들을 뚫고 한 글자 한 글자
꼼꼼히 읽어본 후 환한 표정으로 돌아옵니다. "엄마, 알아냈어요.
새였어요. 나무 위에 새가 있는 거래요. 왜 나무에 새가 있을까

요?" "그러게. 엄마도 잘 모르지만 새는 전령이잖아. 하늘을 자유롭게 날아다니니까. 하느님의 소리를 알려주는 게 새라고 생각하지 않았을까?"

우리는 농경문을 그리며 깊이 있는 대화를 나눴습니다. 그림을 그린 덕분에 대충 보지 않고 자세히 보았고, 알고 있던 지식과 새로운 지식이 연결되며 아이의 생각이 열렸습니다. 농경문에 있는 짧은 선들은 대화하면서 사람, 밭, 새로 해석할 수 있었습니다. 아이 머릿속에서는 새로운 지적인 호기심이 자라났고, 엄마는 아이와 좋은 추억이 남았습니다.

실생활에서 어떤 문제가 생겼을 때 내가 해결해야 할 문제라고 인식하고, 그 상황을 수학적인 표현으로 바꾸는 과정에서도 관찰은 필요한 능력입니다. 관찰해야 규칙을 찾아내고, 규칙을 찾아야 식을 만들 수 있으니까요. 아이와 박물관에서 유물을 관찰하고, 그림을 그리고, 대화를 나누는 것이 이렇게 수학적일 수 있다니 놀랍지 않나요?

매일 가는 길도
다양하게 탐험하기

수학머리 생각도구	추천 연령	수학 놀이터
몸으로 생각하기	4~7세	동네 골목길

"오늘은 어느 길로 갈 거야?" "아르헨티나요." "너무 간단한 길 아니야?" "오늘은 빠른 길로 가고 싶어요. 잘하면 친구를 만날 수도 있단 말이에요." 정근이와 저는 서둘러서 집을 나왔습니다. 우리가 어디에 가는지 궁금하지 않나요? 어린이집 가는 길이랍니다. 그런데 웬 아르헨티나냐고요? 이유가 있습니다.

당시 우리 집은 서울 용산구 청파동 언덕에 있었습니다. 김호연 작가의 소설 《불편한 편의점》의 배경이 된 동네지요. 차가 못 다닐 정도로 좁은 골목이 많고 일본식 가옥이 있는, 역사의 흔적이 곳곳에 숨겨져 있는 매력적인 동네입니다.

우리 가족이 처음 청파동으로 이사 왔을 때는 정근이가 4살이라 언덕과 골목에 적응하기 힘들었어요. 마을버스가 언덕 아래 큰길까지만 다녀서 언덕은 무조건 걸어야 했는데, 아이는 걷기를 싫어했죠. 게다가 제가 일하던 학원이 언덕 위쪽에 있어서 퇴근하고 아이를 데리러 가려면 어린이집까지 내리막길을 15분가량 뛰어야 했고, 어린이집에서 다시 집에 가려면 두 번쯤 쉬어야 오를 수 있는 정말 가파른 언덕을 넘어야 했죠. "아이고, 힘들어"라는 말을 입에 달고 살았던 것 같아요. 하지만 길이 불편하다고 매일 불평만 할 순 없었습니다. 아이들은 단순해서 살짝 방향만 틀어주면 즐거운 마음으로 받아들일 수 있으니 저만 바꾸면 되는 거였죠.

"우리 집에 갈 때 넘는 언덕을 삼년고개라고 부르자. 두 번만 쉬고 세 번째에 정상까지 올라오는 거고, 내려갈 때도 두 번 쉬어가는 거야. 만약에 넘어지면 어떻게 될까?" "넘어지면 안 돼. 3년밖에 못 살아." "그래, 그러니까 조심해서 가는 거야." 그렇게 우리는 9년 동안 이 언덕을 줄기차게 오르면서도 불편하다고 느끼지 않았습니다.

동네 길 이름 붙이기

아르헨티나는 정근이가 붙인 길 이름입니다. 정근이는 아르헨티나를 무척 좋아했는데, 아르헨티나에 팜파스라는 초원 지대가 있기 때문이라고 해요. 어린이집에서 집으로 가는 길에 있는 언덕 꼭대기에는 꽤 넓은 평지가 있고 주택들이 옹기종기 모여 있었죠. "엄마 우리 동네도 넓은 평지가 있잖아요. 거기가 팜파스에요. 그리고 삼년고개 말고 옆으로 내려가는 샛길 있죠. 그쪽으로 가면 중간에 큰 길이 나오잖아요. 친구들도 빨리 만나고요. 그 길을 아르헨티나라고 불러요. '아르~~~~헨티나' 말할 때마다 부드럽게 굴러가니까 좋아요." 이제 제법 컸다고 스스로 길 이름도 붙이며 즐기니 신통해서 그렇게 하자고 했습니다.

고양이를 무서워하던 제가 정말 싫어했던, 하지만 고양이가 몸을 말고 햇볕을 쬐는 모습을 좋아해 정근이는 즐겨 찾던 고양이길, 늦가을이면 모과가 잔뜩 열리는 모과나무가 세 그루나 있어 혹시나 떨어져 있는 모과는 없는지 바닥을 살피며 다녔던 모과나무길, 겨울이면 유독 고드름이 잘 생겨서 고드름 칼을 만든다고 물을 부어주러 가던 고드름길, 봄이면 몰래 숨어 피는 목련이 있는 목련길, 여름이면 환상적인 주황색으로 물들던 능소화길, 비 오는 날이면 물장구치기 좋은 웅덩이길, 울적한 날이면 몰래 앉아 울기 좋은 막다른 골목 계단길, 휘영청 밝은 달이 보고 싶으면 거닐던 청파동 뷰 길. 어린이집과 우리 집 사이에는 수많은 길이 있었습니다.

인생도 수학도 당연한 건 없다

우리나라는 초등학교와 중학교가 의무교육입니다. 대부분 고등학교에 가고, 가능하다면 대학도 갑니다. 대학을 졸업한 다음에는 취업하는 게 일반적이라고 여기죠. 때가 되면 결혼해서 자연스럽게 자식을 낳아 기르고, '엄마니까, 아빠니까 당연히 그럴 수 있지'라는 말을 수없이 되뇌면서 삽니다(물론 지금은 시대가 변했고, 사람마다 자기만의 인생 그래프를 그리지만요).

그런데 우리가 당연하게 여겼던 것 중에 진짜 당연한 게 있을까요? 없습니다. 수학은 인생에 당연한 건 없다는 것을 보여 줍니다. 왜 그런 행동을 하는지 이유를 생각해 보라고 합니다. 저는 아이에게 선택권을 주고 싶었습니다. 어린이집 등굣길을 고르는 것은 정근이에게는 즐거운 게임이지만, 사실 굉장히 수학적인 행위입니다.

교육학자 조 볼러 Jo Boaler 는 《수학 머리는 어떻게 만들어지는

가》에서 "수학적인 문제를 보는 방식은 한 가지가 아니며 여러 가지가 있을 수 있다"고 말하면서 규칙을 설명하는 다양한 방식을 보여주었습니다.

위 그림은 문제집에서 많이 나오는 문제인데, '피타고라스의 삼각수'입니다. 점이 늘어나는 규칙을 찾아 다음 그림을 예상해서 맞추는 문제입니다. 이 문제를 조 볼러가 말하는 다양한 방식으로 규칙을 설명해 보면, 처음에 한 점이 있고, 그다음에 내려오면서 점이 하나씩 더 늘어납니다. 아래로 한 줄씩 더 생기네요. '꼬리잡기'라고 이름을 붙여줘야겠어요.

이렇게 볼 수도 있습니다. 점이 하나 있고, 그다음에는 오른쪽 옆으로 하나씩 늘어나면서 한 줄씩 더 생기는 것이지요. 이건 '부챗살'이라고 하겠습니다.

살짝 옆으로 밀어서 왼쪽 정렬을 해주면 점이 계단처럼 아래로 내려가면서 하나씩 늘어납니다. 이건 '계단 만들기'라고 부르겠습니다.

같은 모양을 보고 설명하는 방식이 다를 수 있다는 걸 인정하는 것, 이것이 수학적 다양성의 출발입니다. 사람은 저마다 살아온 환경이 다르기 때문에 같은 상황에서도 다르게 생각할 수 있습니다. 교회나 성당을 열심히 다니는 사람이라면 크리스마스에 예수의 탄생을 떠올릴 테고, 아이를 키우는 사람이라면 산타 할아버지의 선물을 기다리는 아이를 위해 양말을 어디에 걸까 고민하겠죠. 같은 12월 25일이지만 저마다 상황과 역할에 따라 다른 생각을 합니다. 수학도 마찬가지입니다.

4년 동안 어린이집을 다니면서 동네 구석구석 익숙하지 않은 길이 없었습니다. 누구나 다니는 길이지만 우리만의 이야기를 담아 그곳을 특별하게 만들었고, 덕분에 아이와 저는 같은 것도 새롭게 보는 눈을 갖게 되었습니다. 수학 시간에 문제를 풀 때도, 국어 시간에 소설을 읽을 때도, 사회 시간에 다양한 지역을 볼 때

도, 과학 시간에 여러 가지 식물과 동물을 볼 때도 이렇게 '다양
성'이라는 관점으로 바라보는 건 수학적 사고력을 키우는데 매우
중요합니다.

전시회 체험하며
수학을 내 것으로 만들기

수학머리 생각도구	추천 연령	수학 놀이터
몸으로 생각하기	8~9세	전시회

둘째 아이가 초등학교 2학년 때 마음 맞는 동네 엄마들과 동아리를 결성했습니다. 동네에서 교육관이 비슷한 엄마를 만나는 게 얼마나 어려운 일인지 다들 알 거예요. 저는 큰애 때부터 백화현 작가의 《책으로 크는 아이들》, 《도란도란 책모임》을 읽으며 공감할 수 있는 동네 엄마들을 찾아다녔는데, 5~6년이 훌쩍 지나서야 만들 수 있었습니다.

이 동아리는 단순한 동네 모임이 아니었어요. 용산구에서 후원받아 운영했기 때문에 체계적으로 운영하고 기록을 남길 수 있어서 더 의미 있었습니다. 둘째가 초등학교 2학년부터 5학년까지 장장 4년을 활동했어요. 아이들은 동아리에서 다양한 체험도 하고, 생각도 나누고, 정근이는 자기 이름으로 《돼지들의 모험》이라는 전자책도 냈습니다.

저는 그림을 통해 수학에서 배워야 할 것들을 자연스럽게 익히는 게 매우 중요하다고 생각합니다. 이를 위해 지속적인 노력을 기울여 왔지요. 둘째는 형 덕분에 빈센트 반 고흐의 그림 〈고흐의 방〉도 그려 보고, 박물관에 가서 유물도 그려 봤지만, 다른 친구들은 이런 경험이 별로 없었습니다. '이렇게 전혀 다른 배경지식과 경험을 가진 아이들이 만났을 때 어떻게 미술과 수학에 관한 관심을 끌어낼 수 있을까?' 이런 고민을 하던 중 마침 서울 동대문 현대시티아울렛의 라뜰리에라는 아트랙티브 테마파크에서 '명화 속 19세기 프랑스를 깨우다'라는 전시를 하고 있다는 것을 알게 되었습니다. 이거다 싶었습니다.

인상주의 그림과 수학의 공통점

인상주의 화가들이 그림에 담고자 했던 것은 순간적으로 눈에 담긴 대상의 모습이었다고 합니다. 정오의 뜨거운 태양 아래 비친 성당일 수도 있고, 오후의 햇빛이 닿은 성당일 수도 있는 것처럼 같은 성당이어도 그 대상이 달리 보일 수 있다는 것이죠. 르네상스 시대 이후의 그림이 원근법으로 정확한 비례로 그려진 데 반해 인상주의 화가들의 그림은 대충 그린 듯이 흔적만 있는 경우도 있습니다. 햇빛에 반사된 부분은 제대로 형체를 볼 수 없기 때문에 전체를 다 그릴 필요가 없는 것이지요. 즉 눈은 카메라의 렌즈처럼 찰나의 장면들을 찰칵찰칵 찍지만, 정확한 실사를 담는 것이 아니고 순간의 인상을 남길 뿐이라는 겁니다.

수학에서도 인간의 눈은 정확하지 않다고 봅니다. 초등학교 과정에서는 정사각형을 그릴 때 삼각자나 각도기를 이용해서 그리거나 모눈종이의 선을 따라 그립니다. 이등변 삼각형의 두 변의 길이가 같다는 것도 종이를 접어서 확인합니다. 이것은 초등학생들이 아직은 감각에 의지해서 수학을 공부해야 하는 수준이기 때문에 한정적으로 인정하는 것이지 중학교에서는 컴퍼스와 눈금 없는 자로 그립니다. 사각형의 모양을 보고 정사각형이냐 직사각형이냐를 결정하지 않고 각 도형의 조건에 맞아야 결정합니다. '보이는' 게 다가 아니라 '논리적'으로 타당해야만 되는 것이지요.

인상주의와 수학은 사물을 있는 그대로 나타내지 않고 선, 빛, 색, 숫자, 기호처럼 추상적인 것으로 표현한다는 점이 비슷하다고 봅니다. 하나의 식이 대응하는 수에 따라 다른 값을 갖고, 하나의 사물이 보는 시각에 따라 다른 그림이 되는 것 또한 수학과 인상주의의 공통점이 아닐까요?

아이들과 인상주의 학파의 그림을 보면서 '어떤 것이 진짜일까? 이 그림이 사실과 다른 부분이 어떤 것일까? 그렇다면 왜 그렇게 그렸을까?' 이런 이야기를 나누고 싶었습니다. 아이들은 입체적인 진짜 정사면체 대신 종이 위에 납작하게 그려진 정사면체를 보고 문제를 풀어야 하니까요. 아이들이 이렇게 생각하는 훈련을 여러 번 하다 보면 눈에 보이는 것에 속지 않고 논리적으로 문제를 푸는 중학생이 되지 않을까요?

다리 없는 테이블의 비밀

라뜰리에는 입구부터 19세기 프랑스 느낌을 제대로 보여주었습니다. 우리는 인상주의 창시자 중 한 사람으로 평가받고 있는 프랑스 화가 에드가르 드가Edgar De Gas의 그림 〈압생트 한 잔〉 앞에 섰습니다. 사실 이 그림에는 비밀이 있습니다(저는 그 비밀을 알고 있습니다). 모르는 척하고 아이들에게 물었습니다.

▲ 〈압생트 한 잔〉, 에드가르 드가, 1876, 오르세 미술관

🙂 **엄마**: 얘들아, 이 그림에서 보이는 게 뭐가 있을까?

😊😊 **아이들**: 음료수요, 여자요, 남자요, 테이블이요.

🙂 **엄마**: 그럼, 그림에서 어색해 보이거나 뭔가 빠진 건 없니?

😊😊 **아이들**: 그림이 엄청 이쁘진 않은데요, 빠진 건 없어 보이는데요?

🙂 **엄마**: 그래? 너희들 아침에 밥 먹고 왔지? 식탁에 앉아서 먹었을 테고.

만약에 식탁이랑 의자에 다리가 없다면 앉아서 밥을 먹을 수 있

었을까?

😊😊 **아이들**: 말도 안 돼요. 그건 불가능하죠.

👵 **엄마**: 그런데 이 사람들은 그러고 있는걸?

아이들은 그림을 다시 봅니다. 정말 테이블에 다리가 없습니다. 눈을 비벼보고 다시 봐도 다리가 없습니다.

👦👧 **아이들**: 아깐 분명히 다리가 있었는데…

👵 **엄마**: 다리가 있다고 생각했겠지. 테이블을 보고 다리까지 확인하는 사람들은 거의 없잖아. 당연히 다리가 있다고 생각하지.

👦👧 **아이들**: 와, 이건 진짜 도깨비한테 홀린 기분이에요.

👵 **엄마**: 화가는 왜 테이블 다리를 그리지 않았을까?

👦👧 **아이들**: 잘 모르겠어요.

👵 **엄마**: 여기에 다리를 그리면 어떻게 될까?

👦👧 **아이들**: 지저분해 보일 것 같아요. 집중이 안 될 거 같은데요. 처음에 그림을 볼 때는 사람 표정이 제일 먼저 보였거든요. 그런데 다리를 그려 넣었다고 머릿속에 그려보니까 테이블이 신경 쓰여서 표정이 안 보여요.

👵 **엄마**: 너희들 말대로 작가는 사람의 표정에 집중하라고 테이블은 대충 그린 걸지도 몰라. 오늘 그림에서 제일 중요한 게 뭔지 아니? 내가 테이블의 다리를 보라고 하기 전까진 아무도 이 그림이 이상하다는 생각을 못 했다는 거야.

아이들은 제 말에 별로 귀를 기울이지 않았습니다. 대신 테이블 다리 쪽만 뚫어지게 쳐다보고 있었죠.

상상이 현실이 되다

아이들에게 또 하나 의미 있는 곳은 바로 고흐의 그림인 〈고흐의 방〉을 실제로 재현한 공간이었습니다. 저는 원작이 있는 영화를 좋아합니다. 소설을 읽으면서 상상했던 분위기, 소품, 등장인물의 의상, 목소리 등과 같은 것들이 영화로 제작되었을 때 싱크로율이 높으면 흠뻑 빠져들 수 있기 때문이죠. 또 안 맞으면 안 맞는 대로 색다른 맛에 영화를 보게 됩니다. 그림도 비슷합니다. 그림을 보면서 느꼈던 감정들이 있지요. 〈고흐의 방〉은 가난한 화가의 일상을 떠올리는 그림입니다. 온종일 밖에서 그림을 그리고 돌아와 잠시 몸을 누이는 곳, 정말 잠만 자는 방이구나 하는 느낌이 들었습니다. 이 전시회에서는 그 〈고흐의 방〉을 그대로 재현했습니다.

의자에 앉아 고흐가 되어 봅니다. 벽에 붙어 있던 그림이 내가 들어갈 수 있는 공간이 되면 상상이 현실이 됩니다. 이해할 수 없는 남의 이야기가 내 이야기가 됩니다. "기분이 어때?" "흥분돼요.

▲ 〈고흐의 방〉, 빈센트 반 고흐, 1888, 오르세 미술관

▲ 〈고흐의 방〉을 재현한 '노란 방'

고흐도 그랬을까요? 저도 고흐처럼 화가가 되고 싶어요." 지금의 마음이 언제까지 갈지는 모르겠지만, 그렇다고 화가가 되는 게 쉬운 일이 아님을 미리 말해 줄 필요는 없습니다. 해보면 다 알게 될 테니까요. 전 그저 멋진 생각이라고 말해 줬습니다.

초등 저학년에게 수학은 어려운 과목입니다. 그래서 블록이나 구슬 같은 도구를 이용해서 수학 개념을 설명합니다. '2+3=5'라는 수식은 이해 못 해도 "초록 구슬 2개가 있는데 친구가 빨간 구슬 3개를 더 줬대. 구슬이 모두 몇 개지?"라고 물어보면 바로 "5개요"라고 답합니다. "원기둥을 위에서 보면 어떤 모양이 될까?" 이렇게 물으면 무슨 말인지 갸우뚱해도 "소시지를 잘라서 물감을 찍으면 어떤 모양이 나올까?"라고 물어보면 "동그라미요"라고 말하죠.

'2+3=5'는 남의 이야기이고, '초록 구슬 2개에 빨간 구슬 3개'

는 내 이야기가 됩니다. '원기둥'을 원기둥 그대로 쓰는 건 아이에게는 큰 감흥이 없습니다. 기억에도 남지 않지요. 원기둥이 소시지가 되는 순간 아이의 감정에 '앗싸, 내 거!'라는 신호가 옵니다.

어쩌면 〈고흐의 방〉 그림과 '노란 방' 공간의 관계를 아이들은 느낄 수 없을지도 모릅니다. 하지만 엄마들에게는 매우 귀한 팁이 될 수 있습니다. 엄마가 아이와 학습하기로 마음먹었다면 문제집을 내밀기 전에 아이에게 직접적인 경험을 제공해야 합니다. 남의 이야기가 내 이야기가 되게 해야 한다는 말이지요. 수학 같은 추상적인 과목은 더욱더 직접 경험이 중요합니다. 지금부터라도 '2+3=5'와 같은 하나의 식에 10개 이상의 경험을 쌓아주세요.

뚜벅이 여행으로
측정 감각 익히기

수학머리 생각도구	추천 연령	수학 놀이터
몸으로 생각하기	8~10세	여행

아이들이 생활에서 꼭 익혀야 하는 수학이 있어요. 시간과 길이, 무게, 넓이, 부피와 같은 측정 영역입니다. 시간의 단위는 시, 분, 초, 길이 단위는 mm, cm, m, km, 무게 단위는 mg, g, kg, t, 넓이 단위는 cm^2, m^2, km^2, 부피 단위는 cm^3, m^3, km^3가 있어요. km와 mm는 초등학교 3학년, 넓이와 부피는 5학년에 배우는 개념이지만, 일상생활에서는 나이에 상관없이 흔하게 접하는 게 측정 영역입니다.

아기가 태어나면 바로 키와 몸무게를 잽니다. "3.5kg의 건강

한 아기입니다. 키는 50cm입니다." 갓난아이는 분유를 먹는데, 한 번에 50~100ml씩 먹습니다. 태어난 지 4주가 지나기 전에 엄마와 아이는 병원에 가서 주사를 맞아야 하는데, 아기가 위험하지 않게 시속 30km/h의 저속으로 운전해 병원으로 갑니다. 아기는 3달 만에 몸무게가 2배로 늘어 7kg이 되었습니다. 이렇게 우리는 태어나자마자 다양한 단위를 접합니다. 물론 아기가 그걸 알아들을 리는 없지만요. 일상에는 그만큼 측정 단위를 접할 일이 많다는 이야기예요.

몸으로 길이 재기

아이가 측정 단위를 배우기 전에 아이들과 자주 해봐야 할 것이 있습니다. 걸음, 뼘, 아름, 팔 같은 몸 일부를 이용해서 길이를 재보는 거예요. "우리 집 거실 긴 쪽의 길이는 8걸음쯤 돼요." "내 책상의 긴 쪽의 길이는 6뼘 정도예요." "우리 동네 느티나무 둘레는 대략 3아름이야." 몸 일부는 어림한 길이니까 정확한 측정값을 얻을 수 없지만, 양감(양에 대한 감각)은 얻을 수 있습니다. 이런 경험은 많이 쌓일수록 좋습니다. 제가 아이와 가장 많이 해본 것은 집에서 어린이집까지 걸음 수 세어 보기였어요. 쉬워 보이지만 중간에 장애물이 많아서 처음부터 끝까지 제대로 세는 게 은 근히 어렵답니다.

한 번은 강릉으로 뚜벅이 여행을 갔습니다. 아이들도 컸고(둘째가 초등학교 2학년이면 다 큰 거지요) 강릉이 그렇게 넓지 않으니, 강문해변 근처에 숙소를 잡으면 차를 가져가지 않아도 충분히 가능할 것 같았습니다.

사진은 강문해변에서 경포해변 방향으로 가다가 만난 강문 솟대다리 앞에 있는 안내판입니다. '1걸음 45cm 기준, 현 위치에서 경포대까지 4,400걸음, 허균·난설헌 생가터까지 2,600걸음'이라고 쓰여 있습니다. 보통은 몇 km나 몇 m라고 쓰여 있는데 '걸음'이라니요. 이런 재미난 걸 그냥 지나칠 수는 없지요. 뚜벅이로 강릉을 돌아보겠다고 작정하고 온 우리에게 거리를 걸음으로 나

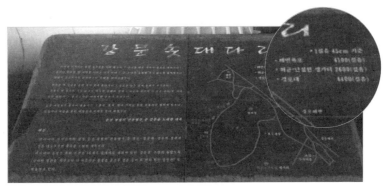

▲ 강문솟대다리 안내판

타내는 참신한 지도가 하늘에서 뚝 떨어졌는데 즐거운 마음으로 꿀꺽해야 하지 않겠어요? "애들아, 이거 좀 봐. 여기서 경포대까지 4,400걸음이라는데, 우리 걸어가 볼까? 어느 정도 거리인지 가늠이 되니?" 경환이가 대답합니다. "한 걸음이 대략 50cm쯤 되니까 2,200m 정도예요. 와, 2km가 넘네요. 거기까지 언제 걸어가요?" "옛날 사람들은 한양에서 부산까지도 걸어갔다는데 여기서 경포대까지 못 걸을까?"

아이들은 걷기도 전부터 미리 손사래를 칩니다(미안하지만, 엄마

▲ 강릉시 지도(출처: 네이버 지도)

는 벌써 이번 강릉 여행은 '걸음 수 세기'로 주제를 정해버렸단다). "여기서 우리 숙소까지 몇 걸음쯤 될까? 한 번 예상해 봐." 경환이는 안내판에 그려진 지도를 보면서 중얼거리더니 "정확하진 않지만, 현재 위치에서 허균·난설헌 생가터까지 2,600걸음이라고 했잖아요? 2,600걸음은 1,300m쯤 되요. 우리 숙소는 초당 순두부 마을에서 가까우니까 1km가 안 될 것 같은데요. 그렇다면 1,500~1,800걸음 사이가 될 거 같아요."

초등학교 2학년인 둘째 정근이에게는 중학생 형이 한 이 논리적인 추측의 과정은 어려울 것 같았습니다. "정근이도 그렇게 생각하니?" "저는 잘 모르겠어요." "몰라도 괜찮아. 직접 해보면 되지. 어차피 숙소에 가야 하니까 걸음 수를 세어보면서 가 보자." 이럴 때 빠지지 않는 아빠가 나섭니다. "형 말이 맞는지 내기 할까? 아이스크림 내기!" 역시 부부는 한마음인가 봅니다. 뜨거운 여름 햇볕이 내기에 불을 댕겨 줍니다.

아이들이 더 어렸다면 입으로 하나, 둘, 셋, 세면서 걸었겠지만 다 큰 아이들이 그런 수고를 할 리 없습니다. 스마트폰에 만보기 앱을 깔고 출발선에 섰습니다. 사람마다 보폭이 다르니 당연히 걸음 수도 다를 것입니다. 몇 시에 출발했는지 시간도 확인해서 캡처해 두었습니다. 시간과 거리는 밀접한 관련이 있지요. 아이들이랑 시간과 거리에 관한 이야기도 나누면 좋겠다고 생각하면서 숙소를 향해 출발했습니다. 10분쯤 되었을까요? 아무 말 없이 걷고 있는데 정근이가 물었습니다.

🧑 **정근**: 엄마, 우리가 지금 몇 걸음 걸었는지 아세요?

👩 **엄마**: 엄마는 978걸음? 1,000걸음 정도네.

🧑 **정근**: 저도 엄마랑 비슷해요. 아빠랑 형은요?

🧑 **경환**: 나는 950걸음인데?

🧑 **정근**: 형은 아빠랑 비슷하네. 아빠랑 형이 더 성큼성큼 걷나 봐요. 지금 출발한 지 10분 지났는데 엄마랑 저는 1,000걸음을 걷고, 아빠랑 형은 950걸음 걸은 거예요. 10분에 1,000걸음이 계산하기 쉬우니까 그걸로 보면 5분에 500걸음, 1분에 100걸음 걸은 거랑 같잖아요. 그럼 도착했을 때 시간으로 계산하면 더 편하지 않을까요?

걸음 수가 다른 이유

우리는 다시 걸음을 재촉했습니다. 저는 내심 뿌듯했어요. 하나는 두 아이가 제가 던진 질문인 "여기서 숙소까지 몇 걸음이나 될까?"를 대충 넘기지 않고 골똘히 생각했기 때문이고, 또 하나는 보통 아이들의 생각을 자극할 때는 대화를 많이 하는데, 이렇게 각자 걷기만 했는데도 좋은 생각을 해낸 거니까요. 걸으면서 조용히 생각이 뻗어나간 거죠. 이번 강릉 여행은 여러 가지로 행운의 여행이 될 것 같아 기분이 좋아졌습니다. 걷기로 측정을 익히고, 동시에 침묵으로 생각이 무르익는다면 일석이조일 테니까요.

같이 걸으니까 시간이 빨리 갑니다. 많이 걸은 것 같지도 않은데 벌써 숙소에 도착했어요. "도착! 빨리 걸음 수를 확인해 봐요. 시간도 체크하고." 아이들이 흥분되는지 수선스럽습니다.

🧑 **정근**: 아빠는 1,480걸음, 형은 1,450걸음, 엄마는 1,670걸음, 나는 1,600걸음! 너무 신기해요. 출발도 도착도 같이했는데 어떻게 걸음 수가 다른 거예요?

🧑 **경환**: 중요한 건 내 말이 맞다는 거야. 1,500~1,800걸음 나올 거라고 했잖아.

🧑 **정근**: (정근이는 실망한 표정입니다.) 우리 17분 48초 걸었거든. 대충 18분이라고 하면 1,800걸음 나와야 했는데…

🧑 **경환**: 나도 1,500~1,800걸음으로 정확한 값이 아니라 범위가 나왔잖아. 이런 건 정확한 값을 구할 수는 없어. 길을 가다 신호도 건너고 갑자기 차가 와서 피하기도 하면 더 많이 걸을 수도 있고 더

조금 걸을 수도 있잖아. 너도 맞은 거야.

👩 **엄마**: 정근아, 형 말이 맞아. 시간도 그렇잖아. 17분 48초라고 말하는 순간, 바로 18분이 되잖아. 시간이나 길이 같은 걸 측정이라고 하는데, 원래 측정은 대략적인 값을 구하는 거야. 엄마는 정근이 가 매우 훌륭하게 접근했다고 생각해.

🐵 **아빠**: 아빠도 깜짝 놀랐어. 어떻게 시간을 잴 생각을 했지?

식구들의 칭찬이 한마디씩 쌓이면서 정근이의 표정도 풀렸습니다. 우리는 허균·허난설헌 생가도 걸어가기로 했습니다. 최단 시간이 걸리는 코스도 찾아냈습니다. 탐험가라도 된 양 나침반 앱까지 간다는 걸 겨우 말렸습니다. 하루 종일 걷고 또 걷다 보니, 그날 만보기에 20,000보가 넘게 찍혔습니다. 아이들은 강릉을 여러 번 왔지만, 이번 여행이 제일 재미있다고 입을 모아 말했습니다. 강문솟대다리에서 우연히 발견한 '걸음 수'는 우리 가족에게 즐거운 추억과 수학 감각을 선물했습니다.

학생들이 측정 영역을 어려워하는 이유는 경험이 부족하기 때문입니다. 교과서에서 시계 보기를 배운다고 해서 다음 날 시각을 능숙하게 읽지는 못합니다. 1m, 1km를 배워도 단위를 보면서 '아, 1km가 어느 정도 거리구나'라고 아는 학생이 몇이나 될까요? 한 반에 한두 명도 없을 것입니다. 측정 영역만큼은 직접 경험이 필요합니다. 문제집만 풀지 말고, 말 그대로 몸으로 경험해야 합니다.

여기서 말하는 몸은 신체의 모든 부분입니다. 시각, 촉각, 청각과 같은 오감이 전부 해당됩니다. 우유 180ml를 한 번에 다 마셔봤다면 그리고 그 경험이 꽤 오랜 기간 축적되어 있다면 '아, 이 정도면 180ml구나' 가늠하게 됩니다. 1kg 정도 되는 가방을 자주 메고 다녔다면 손으로 들기만 해도 묵직한 느낌을 알게 되지요. 정근이처럼 10분을 쉬지 않고 걸으면 1,000걸음을 걸을 수 있다는 걸 알고 나면 시간과 거리 사이의 관계를 신경 쓰게 됩니다.

이런 감각에 익숙해지면 측정 영역에 대해 수학적 유창성을 갖게 됩니다. "지금 몇 시야?"라고 물어보면 바로 "1시 20분이요." 이렇게 대답이 자동으로 바로 튀어나오는 것이지요. 지금 당장 아이와 레모네이드를 만든다고 해도 말리지 않겠습니다. 부엌은 측정 영역의 보고니까요.

팟빵 듣고 녹음하며
기억력 높이기

수학머리 생각도구	추천 연령	수학 놀이터
기억력 키우기	4~9세	집

큰애가 초등학교 2학년, 둘째가 4살이었을 때 우리 집에선 팟빵 (오디오 방송 서비스)이 유행이었습니다. 〈명로진 권진영의 고전 읽기〉는 1화부터 꾸준히 시청했고, 그동안 읽었던 책 《서유기》와 《삼국지》를 이해하는 데 도움을 많이 받았죠. 동화 그림의 거장 로베르토 인노첸티Roberto Innocenti의 그림이 담긴 책 《피노키오의 모험》도 이 채널 덕분에 알게 되었습니다. 이때의 저를 키운 건 8할이 팟빵이었습니다.

아이들이 좋아한 팟빵은 〈진서랑 읽는 동화책〉입니다. 평범

한 아빠가 진서의 잠자리에서 동화를 읽어주는 이야기인데, 요즘 버전으로 치면 브이로그 같은 거라고 볼 수 있습니다. 아이들은 아빠가 읽어주는 것도 재미있어했지만, 진서가 중간중간에 끼어들면서 쫑알거리는 이야기를 더 좋아했습니다. 특히 그림책 작가 미야니시 타츠야의 《고 녀석 맛있겠다》 이야기는 듣고 또 듣고, 보고 또 보면서 푹 빠져 살았습니다.

"안녕하세요. 저는 이진서, 저는 이연우입니다. 정말 오랜만입니다. 잘 지냈어요?" "네." "몇 살이에요?" "7살이요. 흐흐흐." 아빠와 진서, 연우가 인사를 나눕니다. 잘 지냈냐는 아빠의 너스레에 '네' 하고 천연덕스럽게 대답하는 동생 연우가 사랑스럽습니다. 아빠도 그런 연우가 귀여운지 너털웃음을 웃습니다. "동화 동화 동화 재미있는 동화"를 외치며 동화 읽기를 시작합니다. 우리 집에서도 책을 읽을 때 한동안 진서네처럼 "동화 동화 동화 재미있는 동화"를 외쳤답니다.

팟빵 따라 책 읽기 놀이

"이 주아주 먼 옛날, 안킬로사우루스가 태어났어요. 이렇게 넓디넓은 공간에 아기 혼자 외톨이로 울면서 타달타달 걷고 있는데,

"혜헤혜, 고 녀석 맛있겠다." 티라노사우루스가 군침을 흘리며 안 킬로사우루스를 삼키려고 했어요." 첫째가 진서 아빠 흉내를 내 며 동생에게 읽어주고 있는데 동생이 끼어듭니다.

> 👦 **정근**: 형아, 아기 안킬로사우루스야. 왜 자꾸 그냥 안킬로사우루스라 고 말해?

> 👦 **경환**: 뭐래? 글자도 읽을 줄 모르면서. 난 쓰인 대로 읽는 거거든.

> 👦 **정근**: 내가 맨날 들었단 말이야.

> 👩 **엄마**: 자, 정근이는 어디서 뭘 들었다는 말이지?

> 👦 **정근**: 엄마, 내가 진서네에서 들었어. 거기서 진서 아빠가 아기 안킬로 사우루스라고 했어.

> 👩 **엄마**: 경환아, 다시 한번 읽어볼까?

> 👦 **경환**: 아주아주 먼 옛날, 아기 안킬로사우루스가 태어났어요. 어? 이 상하다. 아까는 '아기'가 없었는데…

동생이랑 5살이나 차이가 나는데 이래저래 참으며 형 노릇을 하던 첫째가 한글도 모르는 동생이 깐족거리니 화가 난 모양입니 다. "정근아, 형이 실수할 수도 있지. 한글은 읽다 보면 틀리게 읽 을 수도 있고, 빼먹고 읽기도 하고 그래. 어른도 틀릴 때가 있는 데, 형은 초등학교 2학년인데도 거의 안 틀리고 읽잖아. 엄청나게 잘 읽는 거야." 그날은 형제가 모두 기분이 안 좋았습니다. 두 아이 사이에서 한쪽 편만 들 수 없었던 저도 뻘쭘해서 엉뚱한 이야기로 화제를 바꿔 보려 했지만, 오히려 어색함만 더 감돌았죠.

시간이 지나 생각해 보니 둘째가 '아기 안킬로사우루스'를 정확하게 기억하고 있었던 것이 신기했습니다. 아마도 팟빵을 들으면서 저절로 외워졌겠지요. '정근이도 형처럼 진서 아빠 흉내를 내고 싶었나 보다.' 그제야 둘째의 마음이 짐작이 갔습니다. '정근이한테도 형처럼 읽어줄 기회를 줘야겠어. 한글을 모르니까 외워서 하면 되지. 좋아하는 부분만 외우면 되지 않을까?'

우리가 진서 아빠처럼 팟빵을 하는 건 무리지만 녹음은 충분히 할 수 있으니 몇 개만 녹음해서 함께 들어도 의미 있는 시간이 될 수 있을 것 같았습니다. 아이에게는 팟빵을 해봤다는 기억이 남고, 그림책 암송으로 기억력 훈련도 되고, 책이라는 게 꼭 눈으로 읽어야만 하는 건 아니라는 것도 알게 될 테니 말이죠. 이쯤 되니 더 이상 망설일 필요가 없었습니다.

글을 못 읽어도 할 수 있는 암송

둘째에게 《고 녀석 맛있겠다》를 들려주었습니다. 당연히 진서 아빠 목소리로 들려줬지요. "정근아, 이거 안 듣고 그림만 보고 말할 수 있겠어? 한번 그림만 보고 읽어볼래?" "아주아주 먼 옛날, 아기 안킬로사우루스가 태어났어요. 아기 안킬로사우루스는 외톨이예요. 울고 있는데, 헤헤헤. 고 녀석 맛있겠다." "와, 우리 정근이 너무 잘 읽네."

　말은 그렇게 했지만, 아이는 문장을 정확히 외우고 있지는 못했어요. 아이가 암송하면서 책을 읽는 것 같은 느낌을 받기에는 《고 녀석 맛있겠다》는 적절하지 않아 보였습니다. 그림에 의지해서 이야기는 만들어 낼 수 있지만, 문장을 그대로 기억하기에는 운율이 없었거든요. 저는 반복적인 리듬을 가진 그림책을 선택했습니다. 같은 구문이나 같은 단어가 반복되면서 〈진서랑 읽는 동화책〉에도 나오고, 아이도 좋아하고 리듬이 있는 책, 바로 그림동화 작가 존 버닝햄 John Burningham의 《지각대장 존》입니다.

　"존 패트릭 노먼 맥헤너시, 지각이로군. 그리고 장갑 하나는 어디에다 두고 왔지?" 정근이는 선생님 말투를 기가 막히게 흉내 냈어요. "학교에 오는데 하수구에서 악어 한 마리가 나와서 제 책가방을 물었어요. 제가 장갑을 던져주니까 그제야 놓아주었어요. 장갑은 악어가 먹어버렸고요. 그래서 지각했어요. 선생님." 경환이는 불쌍한 존의 대사를 완벽하게 읽었습니다. "이 동네 하수구엔 악어 따윈 살지 않아! 넌 나중에 남아서 '악어가 나온다고 거짓말하지 않겠습니다. 장갑을 잃어버리지 않겠습니다'를 300번 써야 한다." 300번을 강조하며 흥분하는 정근이는 선생님 역할에 푹 빠진 것 같았습니다.

물론 《지각대장 존》을 다 외우는 건 실패했습니다. 그래도 선생님 대사만큼은 그럴듯하게 외웠죠. 마치 책을 읽는 것처럼 두 손으로 책을 들고 형과 나란히 앉아 목청 높여 선생님 흉내를 내는 모습이 귀여워서 웃음을 참아야 했던 때가 많았습니다.

우리 가족은 매일 밤 연습했고, 드디어 녹음하기로 한 날이 되었습니다. 스마트폰 녹음 버튼을 누르고 《지각대장 존》을 읽었습니다. "동화 동화 동화, 재미있는 동화" 인트로까지 멋지게 해낸 경환이와 정근이 둘 다 얼마나 진지한지 서로 눈까지 맞춰가면서 읽더군요. 아빠와 저는 숨도 쉬지 않고 녹음에 심혈을 기울였습니다.

두 사람의 공연이 끝난 후(이건 책 읽기가 아니라 흡사 대극장 공연을 방불케 했습니다), 우리 가족은 함께 녹음 파일을 들었습니다. 스마트폰에서 흘러나온 아이들의 목소리는 너무 귀엽고 또렷했습니다. "엄마, 또 해보고 싶어요." "엄마, 나 책 되게 잘 읽지?" 형제가 뿌듯해하는 모습에 아빠와 저도 기뻤습니다. 이후로 첫째는 읽기 능력이 급속도로 좋아졌고, 제가 듣는 〈명로진 권진영의 고전 읽기〉에 나오는 어려운 책들도 낭독하는 걸 당연하게 여겼습니다. 둘째 역시 한글에 관심을 갖기 시작하더니 빠르게 한글을 습득해 나갔습니다.

기억력은 학습 전반에 걸쳐 가장 기본이 되는 능력입니다. 아직 글자를 읽지 못하는 시기에 책을 읽어주면, 오로지 청각에 의지해서 기억하기 때문에 아이가 더 집중해서 듣고, 더 기억하려고 노력합니다. 그래서 기억력을 발달시킬 수 있는 좋은 시기라 할 수 있죠. 문자의 발명이 인간의 기억력을 쇠퇴시켰다는 여러 학자의 견해도 있습니다. 예를 들어 문자가 없던 고대 그리스 시대의 서사시인 《일리아드》와 《오뒷세이아》도 원래 구송(소리 내어 외우거나 읽는 것)되던 이야기였다고 해요. 엄청난 양의 서사시를 기억할 만큼 고대 그리스인의 기억력은 비상했다고 하지요.

또한 문자를 알고 있다고 하더라도 시나 소설을 암송하면서 입으로 발화하는 것 자체가 아이들에게는 공부가 됩니다. 내가 낸 소리를 듣고, 집중해서 들으면서 발음을 교정하고, 다시 입으로 내뱉으면서 등장인물에 알맞게 표현하려고 노력하는 과정에서 능숙한 독서가로 거듭나게 됩니다.

아이와 그림책을 암송하고, 녹음해서 들려주는 과정은 매일 똑같은 책 읽기에 활력을 불어넣는 특별한 이벤트가 됩니다. 방학 중에는 '두 작가 비교하며 분석력 기르기(197쪽)' 활동으로 발전시킬 수도 있습니다.

《서유기》 읽고
수학에 쉽게 다가가기

수학머리 생각도구	추천 연령	수학 놀이터
기억력 키우기	6~8세	집

'초등학교 수학의 분수령은 5학년 때 배우는 분수다'라는 말이 있습니다. 4학년 분수와 달리 5학년에는 분모가 다른 분수의 연산을 배우게 되죠. 분수의 덧셈, 뺄셈을 하려면 분모를 같게 만들어야 하는데, 이때 통분을 하게 됩니다. 통분은 매우 복잡한 과정입니다. 여러 단계를 거쳐야 하고, 자동으로 나오는 구구단처럼 암산하듯 이루어져야 해요. 이 분수 계산은 중학교 수학의 기초 중의 기초라 절대 놓쳐서는 안 되는 부분입니다.

겉으로 볼 때 수학은 학년이 올라갈수록 단순해지지만, 그 안에 내포된 개념은 눈덩이처럼 불어나는 구조입니다. 작은 개념 하나하나를 다 기억하고 있어야 복잡한 식을 쉽게 해결할 수 있죠. 그렇다면 수학의 수많은 개념을 기억하고 수학게 쉽게 다가가기 위한 훈련을 한다면 어떤 방법이 좋을까요?

저는 여러 마리의 물고기를 한꺼번에 잡는 것을 선호하는 편이라 《서유기》 완역본에 도전하기로 했습니다. 아이들이 이 소설을 바탕으로 한 한자학습만화 《마법천자문》 시리즈를 좋아하기 때문이기도 했지요. 크리스마스 선물로 손오공의 여의필(《마법천자문》에 나오는 손오공의 여의봉 이름)을 받고 싶어 했을 정도니까요. "불어라, 바람 풍!" "쏟아져라 물 수!" "변해라 황금 금!" 1권을 마르고 닳도록 따라 했던 기억이 나네요.

《서유기》는 일단 기억력 훈련으로 좋습니다. 내용이 길고, 긴 내용만큼 등장인물이 끝도 없이 나오며, 요괴마다 새로운 마법, 더 강한 마법을 씁니다. 그에 따라 해결책과 전략도 다 다릅니다. 등장인물이 너무 많아서 읽다 보면 헷갈리곤 하지만, 아이들은 제가 기억도 못 하는 등장인물을 귀신같이 기억했습니다. 새로운 캐릭터가 끊임없이 나오는 《슈퍼스타 캐치! 티니핑》 시리즈의 캐릭터를 모두 알고 있는 것처럼요. 또한, 《서유기》는 캐릭터가 분명하고, 쓰는 마법과 생김새 묘사가 확실해서 기억력 훈련을 하기에 좋습니다. 이와 비슷한 효과를 볼 수 있는 책으로는《해리포터》,《타라 덩컨》,《삼국지》,《토지》,《태백산맥》,《아리랑》등이 있습니다. 어떤 종류의 책들이 기억력 훈련에 도움이 되는지 감이 오죠? 맞습니다. 여러 권으로 된 시리즈나 장편소설이 좋습니다.

제가《서유기》를 선택한 이유는 또 있습니다. 우리나라 역사를 보면 호국불교로 나라에서 불교를 장려할 정도로 불교의 역할이 큽니다. 또한 국보급 유물인 백제금동대향로와 경천사 십층석탑에도《서유기》이야기가 실려있습니다. 아이들과 박물관을 탐방할 때 도움이 되겠다 싶어《서유기》완역본을 읽는데 자그마치 1년을 투자했습니다. 《서유기》는 판본이 매우 많은데, 저는 구어체가 자주 등장하고 한자성어를 풀어 쓴 부분들이 있는 출판사 문학과지성사에서 나온 임홍빈 편역 작품으로 골랐습니다.

손오공의 첫 대결까지 40쪽을 기다린 아이

바로 이 화과산 꼭대기에 신기한 바윗돌이 하나 서 있는데, 그 높이가 3장 6척 5촌, 둘레는 2장 4척이었다. 높이 3장 6척 5촌은 원둘레 한 바퀴의 365도에 따른 것이고, 둘레 2장 4척은 곧 역서의 24절기를 따른 것이며, 바윗돌에 뚫린 아홉 구멍과 여덟 구멍은 구궁팔괘에 따른 것이며, (중략) 그 바윗돌은 천지가 개벽한 이래 하늘과 땅의 정수와 일월의 정화를 끊임없이 받으며 오랜 세월을 지내오는 동안 차츰 영기가 서리더니, 마침내 그 속에 태기가 생겼다. 그리고 어느 날 바윗돌이 쪼개지고 갈라지면서 둥근 공처럼 생긴 돌알을 한 개 낳았다. 바위에서 튀어나온 돌알은 바람을 쐬더니 그 즉시 돌 원숭이로 변했는데, 두 눈, 두 귀와 입, 코의 오관을 다 갖추었을 뿐만 아니라 팔다리까지 멀쩡하게 생겨 그 자리에서 기어다니고 걸어다닐 줄 알고, 사방을 두루 돌아보며 절을 하는데 두 눈망울에서 금빛 광채가 쏘아져 나와 하늘나라에까지 뻗쳐 올라갔다.

오승은 저 / 임홍빈 편역,《서유기 1》, 문학과지성사

🐵 **정근**: 엄마, 근데 손오공은 언제 나와요?

👩 **엄마**: 지금 태어난 거야. 여기 봐. 바윗돌이 쪼개지고 갈라지면서 둥근 공처럼 생긴 돌알을 한 개 낳았다.

🐵 **정근**: 돌이 어떻게 알을 낳아요? 말도 안 돼!

👩 **엄마**: 그럼 원숭이가 어떻게 마법을 부리지? 조금만 참아봐. 곧 손오공이 등장할 거야.

이 말을 하고도 40쪽을 넘게 읽고 나서야 손오공의 첫 대결

장면이 나왔어요. 《서유기》는 쉬운 글이 아니어서 한 번에 많은 양을 못 읽는데, 다음에 이어서 읽을 땐 이전의 이야기 흐름을 기억하고 있어야 재미를 느낄 수 있어요. 이야기 전개 속도도 느리다 보니 아이가 글에 빠져드는 데 시간이 무척 오래 걸리고요. 그래서 기다리고 또 기다린 아이가 대견했어요.

"그 말 한번 잘했다! 그래야 사내 대장부지. 자아, 어서 덤벼라!" 칼을 내던진 마왕이 자세를 가다듬더니 냅다 주먹질을 날려 보냈다. 오공은 주먹질 틈새로 뚫고 들어가 맞주먹을 내질렀다. 이리하여 둘이서 치고받고 걷어차고, 팔꿈치 내지르기에 무릎차기를 거듭하면서 한참 동안이나 정신없이 싸웠다. (중략) 오공은 상대방의 기세가 갈수록 흉악하고 사나워지는 것을 보고, 즉각 '신외신'의 술법을 쓰기로 결심했다. 그는 제 몸에서 솜털 한 움큼을 뽑아 입에 넣고 씹은 다음, 허공에 대고 확 뿜어냈다. "변해라!" 호령 한마디에, 솜털은 그 즉시 2, 3백 마리나 되는 새끼 원숭이로 변하더니, 정신없이 칼부림을 하는 마왕을 빙 둘러쌌다.

오승은 저 / 임홍빈 편역, 《서유기 1》, 문학과지성사

🧒 **정근**: 엄마, 신외신 술법이 뭐예요? 무슨 말인지 모르겠어요.

👩 **엄마**: 그래? 다시 볼까? '즉각 신외신의 술법을 쓰기로 결심했다. 그는

제 몸에서 솜털 한 움큼을 뽑아 입에 넣고 씹은 다음, 허공에 대고 확 뿜어냈다. 솜털은 그 즉시 2, 3백 마리나 되는 새끼 원숭이로 변하더니' 자, 신외신 술법이 뭔 거 같아?

🧒 **정근**: 아, 분신술이구나.

👩 **엄마**: 그렇지. 신외신의 '신'이랑 분신술의 '신'이 같은 뜻인 거지. 몸 '신'이라는 뜻이야.

🧒 **정근**: 엄마, 《마법천자문》에도 바람 '풍'이란 말이 있는데요. 그냥 바람이라고 쓰면 되지 꼭 바람 풍 그래요. 왜 그런 거예요?

👩 **엄마**: 좋은 질문이네. 옛날에는 사람들이 쓰는 말이랑 글자가 달랐어. 그때 쓰던 글자를 한자라고 하거든. 우리가 말하는 대로 글자를 쓴 건 얼마 안 돼. 100년도 안 될걸? 그래서 우리는 두 가지를 다 알아야 해.

🧒 **정근**: 에이, 안 좋은 거네요.

👩 **엄마**: 아냐. 오히려 더 좋은 거지. 네가 기억력이 좋아질 절호의 찬스야. 바람 풍, 몸 신, 손오공의 술법을 만날 때마다 넌 점점 더 머리가 좋아질 테니까.

머리가 좋아진다는 말은 아이도 참 좋아하는 말입니다. 《마법천자문》을 읽을 땐 굳이 어른이 함께 읽어줄 필요는 없지만, 《서유기》는 아이와 함께 읽으면 대화거리가 풍성해집니다. 《서유기》의 어려운 글자를 해석하면서 아이는 《마법천자문》의 장면을 연상하겠지요. 《마법천자문》이 다리 역할을 하면서 일어나는 작용들이 아이의 기억력을 강화해 주는 역할을 합니다. 덤으로 한자도 익힐 수 있답니다.

문학으로 복잡한 문제 경험하기

아이에게 수학의 복잡성을 극복하는 경험을 하게 해주고 싶어도 수학은 쉽게 허락하지 않아요. 12살이 되어 수학에서 머리가 터질 것 같은 경험을 하게 되어도 부모가 도와주거나 고통스러운 감정을 대신 겪어줄 수는 없습니다. 그래서 어릴 때 수학 대신 문학으로 복잡성을 경험하게 해주는 게 좋습니다. 내가 살아보지 않은 시대의 낯선 이야기를 읽다 보면 자연스럽게 감정이입이 되면서 다양한 인물들의 삶을 간접 경험하게 됩니다. 뇌는 직접 경험과 간접 경험을 구별할 수 없다고 해요. 아이는 문학 작품 속에서 위기를 겪고 문제를 극복하는 경험을 하게 되지요. 이런 경험은 훗날 어려운 수학 문제를 혼자 풀어낼 때 큰 도움이 됩니다.

뇌세포들 사이에 무슨 일이 일어났는지 알 수 없지만 분명히 무슨 일이 일어났을 거라는 전제를 깔고 이렇게 격려할 수 있어요. "지금 수학 문제가 어렵지? 너 어렸을 때 엄마랑 함께 읽었던 《서유기》 기억나니? 거기서 삼장법사랑 손오공이 108 요괴를 물리칠 때마다 몇 번이나 죽을 뻔한 위기를 벗어났잖아. 요괴를 물리칠 때마다 내공이 늘어났던 거 기억하지? 엄마는 지금 네가 이 문제 해결하는 것도 손오공이랑 비슷한 것 같아. 위기를 잘 극복해 봐. 내공이 200배는 상승할걸!" 아이가 말도 안 된다고 할 수도 있지만, 아마 머릿속으로는 이런 생각을 할지도 몰라요. '손오공도 했는데 내가 못 하겠어?'라며 주먹을 불끈 쥘 거예요. 이게 바로 제가 아이와 함께 《서유기》를 읽고 싶었던 가장 큰 이유입니다. 수학이 조금 어렵게 느껴지더라도 손오공처럼 극복해 봐아요.

2장

지식과 경험을 쌓으며
생각도구 키우기

유추로 논리를 배우고
다양하게 표현하며
수학 탐색하기

오행으로
유추 맛보기

수학머리 생각도구	추천 연령	수학 놀이터
유추하기	8~9세	집

우리 집은 아이들이 5살이나 차이가 나고 큰애가 조용하고 다정한 아이라 동생이 까불어도 적당히 넘어갔는데, 큰애가 초등학교 6학년이 되자 종종 싸움이 났습니다. 사춘기가 되니 조절이 잘 안 되나 봅니다. 동양의 조화로운 사고방식이 아이들의 가치관 형성에 도움이 될까 고민하던 차에 김향수 작가의 《세상을 지키는 다섯 괴물》이라는 책을 읽게 되었습니다.

이 책은 동양의 음양오행 중 특히 오행에 관한 이야기입니다. 오행은 목木, 화火, 수水, 금金, 토土를 말하며, 우리 문화에서는 오방

색과 방향을 나타내는 동물을 상징합니다. 책에 목은 푸른색과 청룡을 상징하고, 화는 붉은색과 주작을, 수는 검은색과 현무를, 금은 흰색과 백호를, 토는 황색과 황룡을 나타낸다고 나와 있습니다. 이들은 동, 남, 북, 서, 중앙을 지킵니다.

청룡은 푸릇푸릇한 나무이자 꽃이 만개하는 봄이고 다음으로 주작의 계절인 뜨거운 여름이 옵니다. 불이 기운을 다하면 수확의 계절인 가을이 오고, 가을은 백호입니다. 마르고 버석버석한 가을이 가면 땅속에 생명의 기운을 품고 봄을 기다리는 겨울이 오고, 겨울은 현무의 계절입니다. 계절이 바뀌는 중간중간에 균형을 맞추는 흙, 즉 황룡이 버팀으로써 변화를 부드럽게 순화시켜 줍니다. 이들의 관계는 상생과 상극의 관계로 나뉩니다. 나무는 불을 일으키고, 물은 불을 끄기도 하니까요.

오행으로 나누는 대화

저는 오행에 비유해 아이들에게 이야기할 때가 많습니다. 저희 가족은 상징 오행이 서로 다릅니다. 남편은 물, 저는 나무, 큰애는 불, 작은애는 흙입니다.

아이끼리 싸움이 나면 이렇게 말하곤 합니다. "정근아, 너는 겨울 흙이고 형은 불이잖아. 네가 고집이 세고 단단하게 굴면 당장은 형을 이기는 것처럼 보이지만 잘 생각해 보면 너한테 득 될 게 없어. 추운 겨울 땅에서 씨앗이 움트려면 땅이 녹아야 해. 형은 불이잖아. 형의 따뜻함이 널 녹여줄 거야. 형하고 잘 지내면 좋겠어." 큰애한테도 이런 이야기를 합니다. "경환아, 불이 혼자 활활 타면 어디에 쓸모가 있겠니? 음식 하는데도 쓰이고 물도 데우고 해야 자기 역할을 하는 거잖아. 그러려면 아궁이가 있어야지. 아궁이가 없으면 불은 사람에게 위협이 될 뿐이야. 엄마는 네가 사람들에게 이로운 사람이 되면 좋겠어." 가끔 큰애가 아빠의 조언에 반발할 때도 "경환아, 용광로의 불이 끓기만 하면 철을 강철로 만들 수 없대. 반드시 물이 있어야 하는 거야. 필요할 때 불을 식히는 역할을 하는 게 바로 아빠의 조언이라고 생각해." 지금도 아이들에게 중요한 조언을 할 때는 이런 비유적인 표현이 완충 역할을 한답니다.

오행은 공부할 때도 도움이 됩니다. 둘째는 겨울 땅이어서 겉으로 자꾸 자기를 표현하는 공부를 하는 게 도움이 됩니다. 혼자 입 다물고 하는 공부보다 친구랑 함께하면서 모르면 서로 설명하는 중에 정리하게 되는 거지요. 알고 있는 걸 혼자 끌어안고 있는 것보다 남에게 알려주면서 순환하는 공부를 해보라고 이야기해 줍니다. 반면에 큰애는 공부한 내용이 불처럼 날아가 버릴 때가 많아서 꾹꾹 눌러줄 필요가 있습니다. 그래서 혼자 복습하면서 다시 되새겨야 놓친 것들을 이해하고 넘어갑니다. 겉으로 봤을 때 형이 느리고 동생이 좀 빨라 보이는 것도 이런 이유에서랍니다.

오행에서 유추까지

우리 집에서 오행 이야기는 유대인 집에서 탈무드 이야기와 같은 역할을 합니다. 이 두 이야기는 비유를 사용해 생각하게 하지요.

수학적 추론은 주어진 가정에서 출발해 논리적으로 타당한 방법으로 수학 문제의 결론을 끌어내는 것을 말합니다. 유비 추론, 귀납 추론, 연역 추론, 크게 세 가지가 있습니다. 수학적 추론은 매우 높은 수준의 추론이기 때문에 초등학생들이 하기에 어렵다고 하지요. 뇌 과학에서는 전두엽 발달이 덜 되어서 그렇다고 해요. 유비 추론을 유추라고 하는데, 국어에도 유추가 있습니다. 유비 추리의 준말이에요. 유비 추론과 달리 유비 추리는 옛이야기, 성경, 우화 등에서 흔히 사용되는 표현입니다. 비슷한 것에 기초해서 다른 것을 미루어 짐작하는 거지요. 예를 들어 "자라 보고 놀란 가슴 솥뚜껑 보고 놀란다"와 같은 속담이 자라와 솥뚜껑의 모양이 비슷한 것에서 비롯된 유추(유비 추리)라고 할 수 있어요. 제가 이 책에서 말하고자 하는 유추는 익숙한 것을 통해서 배우는 아이들에게 아주 유용한 학습도구랍니다.

수학에서도 이런 유추는 수시로 나타납니다. '54-29'라는 두 자릿수 뺄셈을 할 때 수 막대를 이용하여 원리를 알았다면 '345-254'와 같은 세 자릿수 뺄셈을 할 때도 두 자릿수에서처럼 수 막대를 사용할 수 있을 거라고 예상한다거나, 두 자릿수에서 했듯이 받아내림을 하면 되겠다고 예상할 수 있습니다. 또한 분수의 개념을 도입할 때 피자 그림을 놓고 반만 색칠한 그림과 정사각형의 반을 색칠한 그림이 둘 다 1/2이라고 생각하는 것도 유추의 결과입니다.

유추는 수학에서 배우는 영역들을 연결하는 고리를 찾아내는 역할도 합니다. 비슷한 점을 찾는 과정에서 성급한 일반화의 오류를 범하기도 하지만, 그것은 추론 능력이 향상되다 보면 수정됩니다. 모양은 달라도 성질이 같은 것들 사이에서 비슷한 점을 찾아내는 유추는 어린 시절부터 키워야 하는 능력임은 분명합니다. 그 길에 오행 이야기가 도움이 될 거예요.

성경으로
유추하는 힘 키우기

수학머리 생각도구	추천 연령	수학 놀이터
유추하기	5~9세	집

아이들이 어릴 때부터 잘 시간이 되면 어린이 성경을 한 권 골라 잠자리에 배를 깔고 누워 함께 읽었습니다. 아이들과 성경을 읽은 이유는 성경이 이야기이기 때문입니다. 사실에 근거한 허구, 즉 소설과 같아요. 게다가 오래된 이야기라 대부분의 서양 문학이나 예술을 이해하려면 성경을 알고 있는 게 좋고요. 물론 그렇다고 해서 굳이 외우려고 하지 않아도 됩니다. 성경의 지식이 서양 문화를 이해하는 기반이 되니 그냥 가랑비에 옷 젖듯이 매일 읽으면서 무의식 저편에 심어두세요.

이야기에 숫자를 품은 성경

첫 장은 창세기입니다. "세상을 만들었어. 그런데 누가? 아주 오래 전 하느님께서 하늘과 땅을 만드셨지." 한 문장 읽고 나서 아이에게 물어봅니다. "하늘과 땅을 하느님께서 만드셨대. 그 부분에 대해 넌 어떻게 생각해?" 아이가 아무리 어려도 아이의 생각을 자주 물어보세요. "엄마, 하늘과 땅을 하느님이 만들었대요? 그럼 해님 달님도요? 어제 읽은 이야기에선 호랑이를 피하던 오누이가 해님 달님이 되었다고 했잖아요." 이렇게 말할 수도 있고 대꾸가 없을 수도 있어요. 대꾸가 없으면 기다리지 말고, "엄마는 처음 사람이 나타났을 때부터 하늘과 땅이 있었을 거 같아. 다른 건 몰라도 잠을 잘 땅과 비가 오고 태양이 떠 있는 하늘은 있었겠지. 그러니까 하느님이 만들었다고 생각한 거 아닐까?" 하고 엄마의 생각을 말해 주세요. 그리고 자연스럽게 다음 구절을 읽으면 됩니다.

짧은 구절을 읽고 서로의 생각을 나누는 것은 커서 자신의 의견을 편안하게 말할 수 있는 연습이 됩니다. "해는 동쪽에서 떠서 서쪽으로 진다"와 같이 누구도 반박할 수 없는 사실에 대해서는 아직 과학지식이 부족한 아이들은 자기의 의견을 말하기 어려워요. 그에 반해 성경은 이견의 여지가 많지요. 과학적으로 보면 말도 안 되는 이야기가 많으니까요. 아담의 갈비뼈로 하와를 만들었다던가 고래 배 속에서 살아나온 요나 이야기는 아무리 생각해 봐도 사실이 아니잖아요.

> 👩 **엄마**: 첫째 날 하느님께선 빛을 만드셨지. 하느님이 만든 것을 보려면 빛이 있어야 하니까. 둘째 날은 파란 하늘과 멋진 구름을 만드셨단다. 셋째 날은 바다, 호수, 땅을 만드셨어.
>
> 👦 **경환**: 엄마, 말이 돼요? 하늘과 땅을 어떻게 만들어요?
>
> 👩 **엄마**: 자, 흥분하지 말고 엄마 이야기 좀 들어봐. 성경에 나오는 이야기는 적어도 기원전 2000년 무렵이야. 지금으로부터 4000년 전이지. 아마 그것보다 더 오래됐을걸? 그 시절 사람들이 이런 생각을 했다는 게 더 놀랍지 않아?

'기원전'이라는 표현도 성경에서 유래되었지요. 예수 탄생 이전이라는 뜻이니까요. 기원전 2000년이 얼마나 오래 전인지 아이들은 알지 못해요. 초등학교 4학년쯤 되어서 역사를 처음 배울 때 비로소 기원전 2333년에 단군왕검이 고조선을 세웠다는 걸 배웁니다. 어릴 때부터 성경을 읽으면 교과서에 단군왕검이 등장하기 전부터 기원전이란 표현을 들은 셈이죠. 이게 바로 선행학습 아닐까요?

그리고 성경에 연도가 자주 등장하는 바람에 자연스럽게 네

자릿수를 수도 없이 만나게 돼요. 아이가 아무리 어려도 수치는 정확하게 말해 주는 게 좋아요. 어릴 땐 100을 넘는 수를 직접 셀 일이 별로 없으니 어려운 게 당연한 거예요. 그래도 자연스럽게 일러주세요.

서양 이야기의 시작, 성경

성경 이야기를 읽으며 아이들은 영화나 동화책에서 봤던 이야기를 떠올립니다. "어느 날 하와가 에덴동산에서 산책하고 있었어. 먹으면 안 되는 나무 옆을 지나고 있을 때 뱀이 스르륵 하고 하와 앞에 갑자기 나타나는 거야. 그러고는 이렇게 말했어. '만약 네가 이 나무의 열매를 먹으면 하느님께서 뭐든지 할 수 있는 것처럼 너도 뭐든지 할 수 있게 될걸? 그래서 이 열매를 못 먹게 하는 걸지도 몰라.'"

"엄마, 여기도 뱀이 하와를 꼬시네요." "여기 말고 또 봤어?" "네, 《어린 왕자》에도 뱀이 나와요. 어린 왕자가 뱀 때문에 슬퍼해요. 《해리포터》 시리즈에도 뱀이 나오잖아요." 아이는 성경의 뱀을 보면서 자기가 읽은 다른 이야기 속의 뱀이 비슷하다고 생각합니다. 성경에서 뱀은 상징적인 동물이에요. 이간질로 인간과 하느님 사이를 멀어지게 만들죠. 선악과를 먹은 것은 하와지만 선악과를 먹게 부추긴 건 뱀이거든요. 《어린 왕자》에서도 뱀은 육체를 버려야 네 별로 돌아갈 수 있다고 어린 왕자를 설득하죠. 어린 왕자는 결국 죽음을 선택해요. 아이는 뱀이 하와에게 하는 이야기를 들으면서 저절로 《어린 왕자》 속의 뱀을 떠올린 거예요. 다음에 다른 책을 읽다가 나쁜 사람이 나오면 '아, 이 사람은 왜 이렇게 주인공을 괴롭히지? 뱀 같아' 하는 생각을 하게 될 수도 있습니다. 나쁜 사람은 뱀 같은 사람이라는 공식을 만들게 되는 것이지요. 이렇게 배워나가는 것이 유추입니다.

아이가 요맘때 읽는 대부분의 그림책에서는 성경과 같은 이야기 구조가 많습니다. 착한 사람은 복을 받고 나쁜 사람은 벌을 받는, 뻔한 결말이 바로 성경의 이야기 방식입니다. 성경 속에서 어린 다윗이 자기보다 큰 골리앗을 제압하듯, 동화 《잭과 콩나물》에서 작고 어린 잭이 거인을 물리치잖아요. 《백설 공주》에서 독 사과는 하와의 선악과를 떠올리죠. 성경을 알고 있으면 수많은 동화책이 따로따로 흩어지지 않고 '아, 그거?' 하고 여러 이야기가 굴비 엮이듯 엮여서 기억나게 됩니다. 유추는 추론의 시작일 뿐 아니라 여러 가지 지식을 카테고리로 묶어 보관할 수 있게 하는 중요한 생각도구랍니다.

공부를 도와주는 성경

학교에 가면 배우는 과목이 점점 늘어납니다. 초등학교 3학년 이후가 되면 한 학년에 9과목 이상을 배웁니다. 국어, 수학, 사회, 과학, 영어, 실과, 음악, 미술, 체육. 이 많은 과목을 과목별로 다 공부한다고 생각하면 얼마나 하기 싫을까요? 그런데 유추를 할 수 있는 아이는 다릅니다. 국어 시간에 소설을 공부할 때도 머릿속에 사회에서 배운 연표가 떠오르고, 사회에서 열대기후와 온대기후 사이의 건조기후 지역 지도를 보면서 과학 시간에 배운 대류현상을 연결할 수 있어요. 유추는 과목별 지식을 강화하기 전에 과목 간 연결을 수월하게 함으로써 학습의 경계를 낮추는 효과가 있습니다.

앞으로 아이가 배우게 될 지식을 모두 경험할 수는 없어요. 아는 것과 모르는 것 사이에 비슷한 점을 발견하고 생각을 연결하면서 '혹시 이것도 내가 아는 거랑 비슷한 것 아니야?' 하면서 미루어 짐작하는 거지요. 논리적 사고의 초기 단계에서 유추는 지식의 일반화를 위한 매우 중요한 기술이랍니다.

반전동화로
유추의 함정에서 벗어나기

수학머리 생각도구	추천 연령	수학 놀이터
유추하기	9~10세	집

독일의 문학자 그림형제의 동화 《빨간 모자와 늑대》에서 순진한 빨간 모자는 늑대에게 속아 죽을 뻔했습니다. 《아기 돼지 삼형제》에서도 아기 돼지 삼형제는 늑대의 공격으로 곤경에 처합니다. 아이들은 옛이야기를 읽으면서 늑대는 욕심 많고 음흉하며 속이기를 잘하지만, 어리숙하게 당하기도 하는 캐릭터라고 생각하게 됩니다.

반대로 빨간 모자는 순진하고 착하며, 돼지들은 첫째나 둘째는 엉성한 집을 지을 만큼 어리석지만, 막내 돼지는 영리하다는 동화의 공식을 만들어 냅니다. 이러한 공식은 우리나라에도 있지요. 전래동화가 그렇습니다. 이런 이야기들은 예상대로 이야기가 전개되므로 내용을 파악하기 쉽습니다. 형제가 셋이 나오면 '막내가 똑똑할 거야', 늑대가 나오면 '늑대가 악역일 거야'라고 말이죠. 어린아이가 세상을 빨리 배울 수 있게 도와주는 유추는 학습에서 유용하고 가치 있는 생각도구입니다.

하지만 함정이 있습니다. 예를 들어 '삼각형의 세 변의 길이가 같으면 합동'이니까 '사각형도 네 변의 길이가 같으면 합동'일까요? 아닙니다. 네 변의 길이가 같은 사각형은 마름모도 있고, 정사각형도 있으니까요. 잘못된 유추는 고정관념을 가져오고, 고정관념이 단단해지면 오히려 세상을 바르게 배울 수 없게 됩니다. 편견에 빠지게 될 수도 있지요. 그렇다면 편견에 빠지지 않으려면 어떻게 해야 할까요?

뻔한 이야기가 지겹다면

《빨간 모자와 늑대》나 《아기 돼지 삼형제》와 같은 전형적인 동화를 뻔하다고 지겨워할 때쯤 읽으면 좋은 반전동화들이 있습니다. 반전동화는 대부분 원작을 패러디해서 쓴 책들이기 때문에 원작을 모르는 상태에서 읽으면 재미가 덜 합니다. 쉽게 말해 작가가 원작에 대해 뒷담화하자고 독자한테 말을 거는데 원작을 모르면 당연히 재미없겠죠? 그래서 꼭 원작을 먼저 읽고 반전동화를 읽기를 추천합니다.

그날도 정근이에게 함께 책을 읽자고 권했습니다. "정근아, 《아기 돼지 삼형제》 읽을까?" "엄마, 저 2학년이에요. 유치하게 그런 책 안 읽어요." "그럼 이건 어때? 《늑대가 들려주는 아기돼지 삼형제 이야기》! 《아기 돼지 삼형제》의 늑대 버전이랄까? 궁금하지 않니?" "네, 궁금해요." 정근이가 덥석 물었습니다.

나는 늑대야. 이름은 알렉산더 울프. 그냥 알이라고 부르기도 해. 나는 도대체 모르겠어. 커다랗고 고약한 늑대 이야기가 어떻게 처음 생겨났는지. 하지만 그건 모두 거짓말이야. 아마 우리가 먹는 음식 때문에 그런 얘기가 생긴 것 같아. 하지만 우리 늑대가 토끼나 양이나 돼지같이 귀엽고 조그만 동물을 먹는 건, 우리 잘못이 아니야. 원래 우리는 그런 동물을 먹게끔 되어 있거든. 치즈버거를 먹는다고 해서 너희를 커다랗고 고약한 사람이라고 한다면, 그게 말이 되니?

존 셰스카 글 / 레인 스미스 그림, 《늑대가 들려주는 아기돼지 삼형제 이야기》, 보림

"늑대가 전부 거짓말이라는데? 어떻게 생각해?" "아직 모르겠지만 늑대 입장에서 돼지가 치즈버거라는 건 말이 되는 거 같아요."

> 하지만 지금 내가 얘기하고 싶은 건, 커다랗고 고약한 늑대 이야기는 새빨간 거짓말이라는 거야. 진짜 이야기는 재채기와 설탕 한 컵에서 시작되었지. 아주 오래 전에, 내가 우리 할머니 생일 케이크를 만들 때란다. 나는 아주 심한 감기에 걸려 있었지. 그때 마침 설탕이 다 떨어졌어. 그래서 나는 이웃집에 가서 설탕을 얻어 오기로 했어. 이웃집은 바로 돼지네 집이었지. (중략) 바로 그때 내 코가 근질거리기 시작했어. 재채기가 날 것 같더라고. 나는 코를 벌름거리며 숨을 들이마셨어.
>
> 존 셰스카 글 / 레인 스미스 그림,《늑대가 들려주는 아기돼지 삼형제 이야기》, 보림

뒷장을 넘기려고 하는데 정근이가 말했습니다. "엄마, 잠깐만요. 왠지 어떻게 된 일인지 알 거 같아요. 늑대가 재채기해서 집이 날아간 거예요." "첫째 돼지는 어떻게 됐을 거 같은데?" "원래대로면 둘째네 집으로 도망가는 건데, 여기선 늑대가 설탕을 빌리러 왔다가 갑자기 재채기했으니까 도망갔을 거 같진 않고… 설마, 죽은 건 아니겠죠?"《아기 돼지 삼형제》가 유치하다던 정근이는 반전동화를 무척 재미있게 읽었습니다.

👩 **엄마**: 다 읽고 나니까 어때? 친구들한테 뭐라고 소개해 줄래?

👦 **정근**: 음, 늑대 이야기를 들어줘. 이렇게 말해 줄래요.

👩 **엄마**: 늑대 입장이 이해되니?

👦 **정근**: 마지막에 돼지 눈빛이 진짜 비열해 보였어요. 가족 욕하는 걸 듣고 참을 수는 없지요. 전 좀 이해가 돼요.

편견을 깨는 수학적 사고방식

세계적인 패러디 동화 작가 존 셰스카^{Jon Scieszka}의 《늑대가 들려주는 아기돼지 삼형제 이야기》가 늑대의 입장에서 억울함을 호소한 이야기라면, 프랑스 동화 작가 조프루아 드 페나르^{Geoffroy de Pennart}의 《제가 잡아 먹어도 될까요?》는 마음 약한 늑대가 자기만의 판단 기준을 만들어 가는 과정을 통해 아이들에게 용기를 주는 이야기입니다. 이 책은 감성적이고 섬세한 경환이에게 읽어 주고 싶었습니다.

경환이가 초등학교 3학년이 될 무렵 우리 가족은 서울 용산구 청파동으로 이사 왔습니다. 골목이 많은 동네였지요. 경환이는 골목을 무서워했어요. 아마 상상력이 풍부한 아이여서 그랬을 겁니다. 그때 이 책을 함께 읽었습니다. "경환아, 엄마가 좋은 책을 구했어. 같이 읽을까? 그림책인데 내용이 무척 좋아." 경환이는 정근이와 달리 책 읽는 중간에 질문하는 걸 싫어합니다. 일단 끝까지 다 읽고 나서 말을 걸어야 하지요.

주인공 이름은 루카스예요. 루카스는 성년이 되어 집을 떠나기로 합니다. 가족들과 애틋한 작별 인사를 하고 아빠가 루카스에게 '먹을 수 있는 것들' 목록을 줍니다. 이것은 아빠가 주는 삶의 지침인 셈이에요. 목록은 다음과 같습니다.

<먹을 수 있는 것들>

- ☑ 엄마 염소와 아기 염소
- ☑ 빨간 모자
- ☑ 아기 돼지 삼형제
- ☑ 피터
- ☑ 엄지 동자와 형제들

루카스는 길을 가다 아기 염소와 엄마 염소를 만납니다. 배가 고팠지만 먹지 않고 이렇게 물어봅니다. "아줌마와 아기 염소는 제가 먹어도 되는 것들이네요. 제가 먹어도 될까요?" 루카스는 엄마 염소가 우는 모습을 보고 마음이 아파서 배고픈 걸 참고 그냥 가던 길을 갑니다. 아빠가 준 목록에 있는 아기돼지 삼형제, 피터, 빨간 모자도 먹지 못하지요. 루카스는 거의 굶어 죽을 지경이 되어 거인의 성에 당도했어요. 그래도 예의 바르게 문을 두드린 루카스에게 거인은 소리 지르며 함부로 대했습니다. 루카스는 배도 고프고 화도 나서 거인을 잡아먹습니다. 알고 보니 거인의 집에는 엄지 동자와 형제들이 갇혀 있었지요. 루카스는 그들을 풀어주고 목록을 수정합니다.

<먹을 수 있는 것들>

- ☐ 엄마 염소와 아기 염소
- ☐ 빨간 모자
- ☐ 아기 돼지 삼형제
- ☐ 피터
- ☐ 엄지 동자와 형제들
- ☑ 사람 잡아먹는 거인

...

😊 **엄마**: 경환아 어때?

😀 **경환**: 엄마, 저는 루카스가 마음이 약하다고 생각하지 않아요. 루카스는 강한 늑대예요. 약한 동물을 먹지 않고 강한 거인을 먹었으니

까요. 전 루카스가 이해가 가요. 엄마 염소가 저렇게 울면서 말

하는데 어떻게 잡아먹겠어요?

👩 **엄마**: 네 말이 맞아. 엄마는 이 책이 왜 좋았냐면 마음이 약한 늑대라

고 해서 굶어 죽지 않는다는 거. 자기만의 먹을 것 리스트를 채

워가는 게 멋있다고 생각했어.

두 책 모두 '늑대라면 이럴 거야'라는 기존의 편견을 깨주는 책입니다. 유추의 함정을 벗어나게 해주는 책이지요. 당연하게 여긴 것을 '정말 그럴까?' 의심해 보게 합니다. 이런 면에서 매우 수학적입니다. 철학자이자 수학자인 데카르트는 철저한 회의를 통해 모든 것을 의심하려고 했고, '나는 생각한다. 고로 존재한다'는 명제로서 의심하는 '나'의 존재를 확립했습니다. 의심한다는 것은 비판적인 시각으로 바라보는 것입니다.

비판적 사고는 매우 수준 높은 사고력입니다. 분석적 사고가 무르익어야 비판적 사고를 할 수 있는데, 그러려면 적어도 12살 이상은 되어야 한다고 알려져 있어요. 반전동화는 비판적으로 원작을 바라볼 수 있게 도와줍니다. 덕분에 캐릭터를 입체적으로 바라볼 수 있는 눈을 가질 수 있게 되지요.

그리스 로마 신화로
배경지식 쌓기

수학머리 생각도구	추천 연령	수학 놀이터
유추하기	5~9세	집

서양 문화의 한 축이 성경이라면 다른 한 축은 그리스 로마 신화입니다. 그리스 로마 신화를 통해서 우리가 배울 수 있는 건 무궁무진하지요. 그중에서도 용기, 책임감, 사랑 같은 인간의 보편적인 가치관과 배경지식이 돋보입니다.

그리스 로마 신화는 신의 추하고 불완전하고 잔인한 모습까지 보여줌으로써 인간을 있는 그대로 표현하고 있다는 평을 받아요. 그래서 어떤 부모님들은 아이들에게 보여주기에 적절하지 않다고 생각하기도 합니다. 저도 그 부분에는 동의해요. 그런 의미에서 만화로 된 그리스 로마 신화보다 이윤기 작가가 쓴 《이윤기의 그리스 로마 신화》를 잠자리 동화로 읽어주는 것을 추천합니다. 신춘문예에 등단한 소설가여서 그런지 만화가 아니어도 이야기에 생생함을 불어넣는 재주가 있거든요. 잘 쓴 줄글이 만화보다 더 큰 상상력을 불러일으킨다는 걸 경험할 수 있을 거예요.

한참을 걷다가 오르페우스가 또 물었다.

"잘 따라오지요?"

"잘 따라가니까 돌아다보지 마세요."

에우리디케가 다짐을 주었다.

"잘 따라오지요?"

"잘 따라가니까 돌아다보지 마세요."

에우리디케가 또 다짐을 주었다.

이윽고 오르페우스와 에우리디케는 날빛이 보이는 동굴 입구에 이르렀다. 항구의 불빛이 보이는데도 항구까지는 하룻밤 뱃길이 좋이 되듯이 동굴 입구의 날빛이 보이는데도 하루 걸음이 좋이 되는 것 같았다.

이윤기 저, 《이윤기의 그리스 로마 신화 1》, 웅진지식하우스

"엄마, 이거 사망 플래그(복선) 아니에요?" 어디서 또 이런 말을 배웠을까요. "클리셰겠지. 좀 불안하긴 하네." "오르페우스는 걱정이 많은 것 같아요. 눈 딱 감고 앞만 보고 가면 되는 거 아니에요? 왜 자꾸 확인할까요?" "엄마도 그럴 때가 있는걸. 네가 자기 전에 알아서 양치하겠다고 했는데 깨끗하게 했냐고 계속 묻잖아. 그렇다고 널 믿지 못하는 건 아니야. 혹시나 해서 물어보는 거지. 오르페우스도 그런 마음 아니었을까?"

먼저 날빛 아래로 나선 것은 물론 앞서 나오던 오르페우스였다. 보고 싶던 마음을 오래 누르고 있던 오르페우스는 아내가 잘 따라오는지 아내 역시 날빛 아래로 나섰는지 확인하고 싶어 뒤를 돌아다보았다.

"돌아다...."

아뿔싸. 동굴의 어둠을 미처 다 벗어나지 못했던 에우리디케는 남편이 돌아다보는 순간 하던 말도 채 끝맺지 못하고 다시 저승으로 떨어졌다. 가슴이 철렁한 오르페우스는 황급히 동굴로 들어가 손을 벌리고 어둠 속을 더듬었다. 그러나 손끝에 닿는 것은 싸한 바람뿐이었다.

이윤기 저, 《이윤기의 그리스 로마 신화 1》, 웅진지식하우스

정근: 엄마, 어떡해요. 말을 다 하지도 못했는데 저승으로 떨어졌어요. 이건 너무한 거 아니에요?

엄마: 인간의 죽음을 다 예고할 수 없잖아. 찰나에 일어나는 사고도 있으니까.

정근: 그래도 실수로 돌아본 건데… 그럼 실수로 죽을 수도 있다는 거예요?

배경지식 끝판왕 그리스 로마 신화

그리스 로마 신화를 읽다 보면 '운명적인 죽음'을 자주 보게 됩니다. 아무리 영웅이어도 죽죠. 별이 되는 영광을 누리기도 하지만요. 운명의 수레바퀴 아래서 무력한 인간의 모습을 보면서 아이와 철학을 이야기할 수 있습니다.

오르페우스는 리라(하프의 원조 악기)를 연주하면서 아름다운 노래를 불렀다고 해요. 에우리디케를 저승에서 데려올 수 있었던 것도 저승 신의 아내인 페르세포네를 감동시켰기 때문이거든요. 아이와 오르페우스 이야기를 읽을 때 어떤 방향으로 이야기를 이끌지는 부모의 안내가 중요해요. 다음과 같이 질문해 보세요. 죽음에서 음악으로 분위기가 환기된답니다.

🧑‍🦰 **엄마**: 오프페우스의 연주가 얼마나 아름다웠길래 페르세포네를 감동시켰을까?

🧒 **정근**: 그러게요. 아름다웠을 것 같아요.

🧑‍🦰 **엄마**: 아름다운 소리라는 건 박자, 화음 이런 게 듣기 좋아야 하거든. 그래서 무척 수학적이란다. (왈츠를 틀어주면서) 쿵 짝짝, 쿵 짝짝. 너도 한번 해봐. 박자가 잘 맞아야 듣기 좋단다.

왈츠는 3/4 박자여서 리듬을 타기 좋아요. 잠자리에서 신화를 읽다가 난데없이 왈츠라니, 뜬금없지만 자기 전에 죽음에 대해 생각하다 잠드는 것보다 훨씬 좋잖아요. 덕분에 음악에서 박자를 맞춘다는 것이 얼마나 수학적인지, 그것이 왜 아름다운지도 경험하게 되지요. 실제로 음악과 수학은 떼려야 뗄 수 없는 관계입니다. 도레미파솔라시도의 음계를 만들어낸 사람도 수학자 피타고라스랍니다.

그리스 로마 신화는 르네상스 시대 그림의 소재로도 흔히 다루어졌습니다. 수학은 음악뿐 아니라 그림과도 연관이 많아요. 레오나르도 다빈치의 그림에서 원근법이 처음 쓰였고, 이후에 그림의 구도에 황금비 같은 개념이 적용되었지요. 원근법이나 황금비, 그림의 구도는 수학적이라 하더라도 소재는 인간의 모습을 한 신들의 이야기나 성경에서 가져오는 경우가 대부분이었기 때문에 미술 작품을 감상하는데 그리스 로마 신화가 유용한 배경지식이 될 수 있는 거예요.

그리스 로마 신화는 별자리와도 관련이 깊어요. 별을 좋아하는 아이들이 많죠. 아이와 별을 보기 위해 천문대를 찾아 별을 관측할 때면 제일 먼저 찾는 게 북극성이에요. 북극성은 작은곰자리의 알파 별(가장 밝은 별)입니다. 작은곰자리와 큰곰자리도 그리스 로마 신화에서 유래했어요. 거문고자리는 앞에서 본 오르페우스와 리라가 하늘로 올라가 별이 된 자리예요. 별을 보러 갔는데 처음부터 끝까지 그리스 로마 신화 속 인물들을 읊다가 오는 셈이지요. 문학이라고 다를까요? 영국이 낳은 세계적인 극작가 셰익스피어의 4대 비극도 그리스 로마 신화와 그리스 비극에서 영향을 받았답니다.

이쯤 되면 그리스 로마 신화를 배경지식의 끝판왕이라고 해도 되겠죠? 그래서 제대로 된 그리스 로마 신화를 스스로 읽어내는 게 좋아요. 아이들이 커서 그동안 읽었던, 또는 보거나 들었던 수많은 이야기의 시작이 그리스 로마 신화였구나 하는 것을 깨닫는다면 엄청 짜릿하지 않을까요?

피카소로
추상 세계 만나기

수학머리 생각도구	추천 연령	수학 놀이터
단순하게 표현하기	7~9세	집

초등학교 1학년 2학기 여러 가지 모양 단원에 다음과 같은 종류의 문제가 있습니다. 제시된 그림에서 네모, 세모, 동그라미 모양을 찾아 본을 따라 그리라는 문제입니다. 그대로 본을 따라 그리는 것은 평면도형을 이해하는 데 도움이 됩니다. 우리가 사는 세상에서 완전한 평면(2차원)은 그림자밖에 없습니다. 케이크 위쪽에서 빛을 쏘면 바닥에 삼각형 그림자가 생기는데, 그것이 세모 모양 평면이라는 것을 초등학교 1학년 학생들이 이해할 수 있게 잘 표현한 문제입니다.

● 다음에서 네모, 세모, 동그라미를 찾아보세요. 그리고 각 모양을 색연필로 따라 그려 보세요.

그런데 한 아이가 이렇게 말했습니다. "샌드위치에 채소가 삐져나와 있는데 이게 무슨 세모에요? 도넛에 구멍도 뻥 뚫려있는데 이게 무슨 동그라미에요? 이 문제 이상해요"라고 말이죠. 샌드위치, 케이크, 유부초밥 등을 보며 공통적인 특징을 찾아내 삼각형을 생각해 낼 수 있는 것, 그리고 구체적인 모양의 차이를 무시하고 '삼각형'이라고 이름 붙여주는 것, 이게 바로 추상입니다. 수학은 고차원의 추상화를 추구하는 학문으로, 학년이 올라간다고 해서 이 능력이 자연스럽게 생기지는 않습니다.

피카소의 추상 세계

단어만 봐도 어려운 이 추상을 아이가 한눈에 보고 알 수 있는 방법이 없을까요? 제가 기가 막힌 그림을 찾았습니다. 바로 피카소의 〈황소 연작(11개의 석판화 전개)〉입니다.

이 그림은 11마리의 황소가 그려져 있는데, 첫 번째 그림은 황소의 거친 뿔과 육중한 몸통, 꿈틀거리는 꼬리, 튼실해 보이는 다리, 눈에 띄는 성기, 흩날리는 털, 우직한 눈, 털 사이에 가려진 입까지 선명하게 그려져 있습니다. '피카소가 이런 그림도 그릴 줄 아는구나!' 싶어서 놀랐죠. 다음 그림부터는 하나씩 덜어내고 있어요. 처음에는 색을 덜어내고, 그다음에는 눈코입이 사라지더니, 마지막에는 선 몇 개만으로 황소의 몸통, 꼬리, 뿔, 다리, 성기까지 표현했습니다.

사람들이 황소 그림을 보고 황소인 줄 아는 것은 본질적인 요소(몸통, 꼬리, 뿔, 다리, 성기) 때문이라는 걸 그림 한 장으로 보여주고 있습니다. 다른 것은 다 걷어내도 된다는 것이죠. 피카소는 본질을 추구하는 것이 예술이라고 생각했고, 사람들은 피카소의 그림을 '추상화'라고 불렀습니다.

추상화 거꾸로 보기

그렇다면 이제 그림과 수학을 연결할 차례입니다. 황소를 가장 단순하게 그린 〈황소 연작〉 마지막 그림부터 아이에게 보여주면 몇 번째 그림에서 황소를 알아챌까 궁금했습니다. 저는 인터넷에서 〈황소 연작〉 그림을 찾아보고 최대한 비슷하게 그려 아이에게 보여주었습니다.

▲ 11번 그림

😊 **엄마**: 이게 뭔지 알아맞혀 봐(일부러 동물이라고 말해 주지 않습니다).

😀 **정근**: 음, 잘 모르겠어요. 살아 있는 거예요?

😊 **엄마**: 응, 이 그림을 그릴 때는 살아 있었겠지. 잘 모르겠으면 다음 그림을 보여줄게.

▲ 10번 그림

👦 **정근**: 이거 동물이에요. 머리랑 뿔이 확실히 보여요. 이건 꼬리고요.

👩 **엄마**: 무슨 동물인지 알겠어?

👦 **정근**: 알 것 같은데 잘 모르겠어요.

👩 **엄마**: 그럼 다리가 몇 개인 거 같아?

👦 **정근**: 4개요. 네 발 달리고, 뿔 있는 동물인데, 몸이 두꺼워 보여요.

👩 **엄마**: 그림을 또 하나 보여줄게.

▲ 8번 그림

🙂 **정근**: 알았다! 이거 소에요. 딱 봐도 소네.

😊 **엄마**: 더 자세히 이야기해 볼래? 암소야? 황소야?

🙂 **정근**: 음, 그림만 보고 암소인지 황소인지 어떻게 알아요? 암소가 뿔이 있었나?

😊 **엄마**: 조금만 더 자세히 봐봐.

🙂 **정근**: 잠깐만요. 꼬리랑 다리 사이에 뭐가 있어요. 아, 황소네요.

정답을 맞혔다면 아이에게 원래 그림을 보여주면서 화가가 그린 순서를 설명해 줍니다.

😊 **엄마**: 맨 처음에 그린 황소는 보자마자 황소인지 알겠어?

🙂 **정근**: 네, 바로 알겠는데요. 처음 보여준 그림은 뭔지 모르겠더라고요.

😊 **엄마**: 어떻게 소인지 알았어?

🙂 **정근**: 뿔이랑 꼬리, 다리 보고 알았어요. 몸통이 두꺼운데 꼬리가 가늘고, 다리는 4개고 뿔이 있어서 소라고 생각했어요.

😊 **엄마**: 그런데 뿔이랑 꼬리, 다리 4개만 봤다면 소 말고 다른 동물도 있지 않을까?

🙂 **정근**: 많죠. 사슴, 염소, 영양? 근데 이 그림은 사슴이나 영양은 아니에요. 사슴이랑 영양은 뿔도 훨씬 길고 날씬하니까요. 염소는 사슴보다 작고요.

아이는 제가 물어보지도 않았는데 다른 동물들과 황소의 공통점과 차이점을 술술 말합니다. 아이의 머릿속에서 일어난 일을 정리하면 다음과 같습니다.

추상이 필요한 이유

그림은 자세히 그릴수록 보는 사람으로 하여금 어떤 그림인지 더 잘 알 수 있게 합니다. 그런데 이를 글로 쓰거나 말로 자세하게 표현한다면 어떨까요? 황소를 볼 때마다 다리가 4개고 뿔이 있고 꼬리가 가늘고 길면서 몸통이 두껍고 성기가 있는 동물이라고 말해야 하니 얼마나 불편하겠어요. 그냥 '황소'라고 말하는 게 훨씬 간단합니다. 반대로 '황소' 하면 머릿속에 '아, 이렇게 생긴 동물' 하고 떠오르고요. 그럼 대화하기도 쉽겠죠.

어떤 사물을 본질적인 것만 남겨서 정의한 것을 '개념'이라고 부르고, 수학에서는 개념을 기호나 용어로 나타냅니다. 아직 한글을 떼지 못한 아이들도 그림을 이용하면 이 과정을 잘 이해할 수 있습니다. 피카소의 〈황소 연작〉은 예시일 뿐입니다. 피카소를 비롯한 입체파와 몬드리안, 칸딘스키 등 추상파 화가들이 이 복잡한 세상을 표현하기 위해 그린 그림들을 보면 얼마나 수학적인지 놀랄 거예요. 수학의 세상이 곧 추상의 세계라는 걸 알게 된답니다.

좋아하는 동물을
구체적으로 표현하기

수학머리 생각도구	추천 연령	수학 놀이터
구체적으로 표현하기	9~10세	동물원

현대 미술의 거장이라 불리는 피카소의 아버지는 미술 교사였습니다. 그는 어린 피카소에게 비둘기 발만 반복해서 그리게 했다고 합니다. 훗날 피카소는 "그동안 비둘기 발만 그렸지만 15살이 되자 사람의 얼굴, 몸체 등도 다 그릴 수 있게 되었다"라고 말했습니다. 그림이나 사진을 보고 따라 그리는 것은 여러 번 해봤는데 살아있는 생명체를 어떻게 그렸을까요? 가까운 공원에 비둘기가 많아서 저도 몇 번 시도해 봤지만 거의 불가능에 가까웠습니다.

이렇게까지 해서 동물을 그리려고 한 이유가 뭐냐고요? 움직이는 동물을 그리면서 그 속에 입체도형을 찾아보고 싶었기 때문입니다. 예를 들어 '사람'을 그린다면 얼굴은 공 모양, 몸통은 굵은 원기둥, 팔과 다리는 얇고 긴 원기둥, 손과 발은 사각기둥, 손가락과 발가락은 가늘고 짧은 원기둥 10개로 그릴 수 있는 거지요. 이런 식으로 동물의 형태를 입체도형으로 생각해 볼 수 있으면 구체적으로 표현하는 능력을 키우는 데 도움이 될 것 같았습니다.

그러던 어느 날 정근이가 물었습니다. "엄마, 저 사막여우 보고 싶어요. 《어린 왕자》 책에 사막여우가 나왔는데 어떻게 생겼는지, 얼마나 큰지 확인해 보고 싶어요. 우리 동물원 가면 안 돼요?" 아이의 호기심은, 특히 이렇게 학습적인 호기심은 금방 사그라들기 때문에 재빨리 움직여야 합니다. '좋은 기회야. 동물원에서 그려보면 되겠어.' 머릿속에서 계속 맴돌던 생각을 실천해 볼 생각에 마음이 급해졌습니다. 우리는 그 주 주말, 바로 서울대공원에 갔습니다.

마침 11월이라 서울대공원은 단풍 구경 온 사람들로 북적였습니다. 서울대공원은 지하철을 타면 집에서 30분 거리라 우리 가족에게는 집 앞 놀이터 같은 곳입니다. 동물을 무서워하는 저와 달리 아이들은 동물을 좋아해 자주 가곤 했습니다. 바로 옆에 미술관도 있어서 미술 작품 보는 재미도 쏠쏠했고요. 학원 아이들을 데리고 1년에 한 번 정도는 왔으니 코끼리 열차 타는 곳, 매표소, 리프트 타는 곳 정도는 훤히 꿰고 있죠.

사막여우를 만나러 가는 길

동물원에는 우리 가족이 특별히 좋아하는 길이 있습니다. 바로 호랑이길입니다. 정문에 들어서자마자 왼쪽으로 가서 제1아프리카관, 유인원관, 제2아프리카관, 제3아프리카관, 랫서팬더사, 퓨마·재규어사, 코요테사를 거쳐 맹수사로 가면 호랑이를 보러

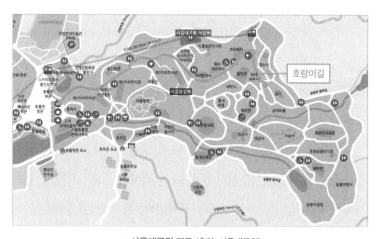

▲ 서울대공원 지도 (출처: 서울대공원)

가는 길입니다. 초원에 사는 동물들이 많은 길인데, 오전에 가면 동물들은 대부분 자고 있어서 보통 오전에는 사슴길에서 초식 동물이나 큰 물새를 먼저 보고 오후에 호랑이길로 와 어슬렁거리며 돌아다니는 사자, 재규어 등을 봅니다. 그러나 오늘은 우리의 목적(아니 저의 목적)인 동물 그리기를 하려면 그들이 깨기 전에 가야 합니다.

"정근이는 사막여우 보고 싶고, 경환이는 어떤 동물 보고 싶어?" "저는 오랑우탄이요." 경환이는 어릴 때부터 오랑우탄을 좋아했습니다. 책도 한 권만 너덜너덜해질 때까지 보더니 동물원에 오면 매번 오랑우탄입니다. 아빠도 침팬지와 원숭이 노는 것을 보고 싶다고 해서 이번에는 두 팀으로 나눠 돌아다니기로 했습니다. 저와 정근이는 사막여우가 있는 제1아프리카관으로, 아빠와 경환이는 유인원관으로! 우리는 한 시간 후 아이스크림 파는 곳에서 만나기로 했습니다.

경환이와 아빠가 떠난 후, 정근이와 저는 사막여우를 찾았습니다. 사막여우는 작고 털이 모래색이랑 비슷해서 자세히 살펴야 합니다. "그런데 사막여우는 왜 보고 싶다고 한 거야?" 정근이는 가방에서 주섬주섬 책을 꺼냈습니다. 《어린 왕자》였습니다. "엄마, 여기서 사막여우가 어린 왕자한테 자기를 길들여 달라고 하면서 이렇게 말해요. '만일 네가 오후 4시에 온다면 나는 3시부터 행복해질 거야.' 이 부분이 너무 좋아서 사막여우를 보고 싶었어요." "이 부분이 왜 그렇게 좋았는지 물어봐도 될까?" "승준이가 대전으로 이사 간대요. 동아리 친구들을 만나기로 약속할 때면 그 전날부터 행복하거든요. 그런데 승준이가 이사 간다고 하니까 마음이 아파요. 전 승준이한테 길들여졌나봐요." 정근이는 슬픔을 달래고 싶어서 동물원에 가고 싶다고 한 것이었습니다. 사막여우들이 서로 끌어안고 자듯이 저도 정근이를 안아주었습니다.

사막여우 그리는 법

우리는 사막여우들이 자는 모습을 한참 들여다봤습니다. "엄마, 이 작가는 그림을 못 그리는 것 같아요. 저라면 이렇게 안 그릴 거예요." "그래? 너라면 어떻게 그릴 건데?" 정근이는 나들이 갈 때 항상 들고 다니는 종이와 연필을 꺼냅니다. "그림에선 사막여우 머리하고 몸통 크기가 별 차이가 없잖아요. 그런데 여기 있는 진짜 사막여우는 귀가 커서 주둥이하고 거의 크기가 비슷해서 그렇지 머리보다 몸통이 훨씬 커요."

정근이는 자신 있게 말하더니 귀를 그리기 시작했습니다. 스

▲ 실제 사막여우 모습

케치북 한가운데에 귀를 그리면 몸통은 어디에 그리겠다는 건
지, 한마디 하고 싶었지만 내버려두었습니다. 귀를 그리고 나서
아래쪽에 주둥이를 그리려고 하는 데 벌써 자리가 없습니다. "어,
이상하네. 귀를 너무 크게 그렸나?" 하며 지우개를 찾습니다. 가
끔 정근이를 보면 뭔가 불균형하다고 느낄 때가 있는데, 바로 지
금 같은 경우가 그렇습니다. 정신연령이 중학생 같은 말을 하다
가 행동은 영락없는 초등 저학년이니까요. "정근아, 엄마라면 어
떻게 그릴지 얘기해도 될까?" 저는 종이를 두 번 접어 그림을 그
리기 시작했습니다.

👵 **엄마**: 나라면 먼저 사막여우의 귀 끝에서 꼬리 끝까지 전체 사이즈를 볼 거야. 이 종이의 왼쪽 위 모서리가 귀 끝이 될 거고, 오른쪽 아래 모서리가 꼬리를 말고 있는 엉덩이가 될 거야. 그리고 사막여우의 머리와 몸통의 비율을 보고 어떤 도형이랑 비슷할지 생각해 보는 거지. 원뿔, 원기둥 이런 거 알아?

👦 **정근**: 원뿔이요? 꼬깔콘 같은 거요? 알아요. 원기둥은 머그컵같이 생긴 거잖아요.

👵 **엄마**: 그렇지. 동물 그림을 그릴 때는 도형을 이용하면 그리기 쉬워. 사막여우 머리는 어떤 도형처럼 보여?

👦 **정근**: 종이컵이 거꾸로 된 것처럼 보여요.

👵 **엄마**: 그건 원뿔대라고 해. 엄마가 여기다 원뿔대를 거꾸로 그려볼게. 그리고 이번엔 몸통을 그릴 건데 그건 뭐처럼 보여?

👦 **정근**: 음, 큰 원뿔대요. 원기둥이라고 하려고 했는데 엉덩이가 너무 커요.

👵 **엄마**: 그럼 엉덩이 쪽으로 큰 원뿔대를 그릴게. 그런 다음 머리를 귀랑 주둥이로 나눠 볼게. 귀는 위가 뾰족하고 주둥이는 앞이 뾰족하지? 몸통에 꼬리를 달 건데, 혹시 꼬리는 무슨 모양인 거 같아?

👦 **정근**: 음, 호스요. 구불구불 호스.

👵 **엄마**: 호스는 가늘고 긴 원기둥 모양이니까 그걸 엉덩이에 붙이면 되겠다. 그러고 나서 전체적으로 부드럽게 선을 다듬어 주는 거야.

① 귀 끝에서 꼬리 끝까지 전체 사이즈 확인하기

② 거꾸로 된 원뿔대 머리, 긴 원기둥 꼬리 등 도형을 생각하며 그리기

③ 선을 다듬어 완성하기

    몇 번 스윽스윽 선을 긋자 사막여우 비슷한 모습이 나타나기 시작했습니다. "신기하지? 먼저 이렇게 틀을 잡은 다음, 네가 했던 것처럼 자세하게 그려주면 돼." 동물을 보고 그림을 그릴 때 구체적인 여우의 모습은 무시하고, 원뿔대 모양으로 사막여우의

머리와 몸통을 표현해야겠다는 생각이 바로 추상화입니다. 이때 아이는 원뿔대가 뭔지 모르니까 종이컵을 떠올렸죠? 비슷한 물건을 떠올린 겁니다. 만약에 우리가 그림을 그리지 않고 만들기를 했다면 정말 종이컵으로 만들었겠지요.

추상적으로 생각하며 간략한 스케치를 마쳤다면, 다음으로 귀와 코와 꼬리, 머리와 몸통, 다리가 연결되는 부분을 자연스럽게 다듬고, 구불구불한 꼬리와 털의 느낌을 살려주면 사막여우 그림이 완성됩니다. 살아있는 동물을 그려보며 단순하게 보았다가 구체적으로 표현하는 과정들이 계속 반복되며 아이는 입력된 것(본 것)을 출력(그리기 또는 만들기)하는 연습을 하게 됩니다. 이때 생긴 능력은 공간 감각으로 남아 수학적 사고력을 키울 때 좋은 재료가 됩니다.

현대미술로
아름다운 수학 느끼기

수학머리 생각도구	추천 연령	수학 놀이터
구체적으로 표현하기	9~10세	미술관

큰애는 어릴 때부터 음악, 미술, 운동에 관심이 많았어요. 미술 분야 중에서도 그림보단 조각을 좋아했고, 특히 건축에 관심이 많았습니다. EBS 다큐 프라임 〈행복한 건축〉을 보면서 건축가라는 직업에 관심을 가지기 시작했죠. 아이가 처음 관심을 보인 직업이어서 호기심을 잃지 않게 하려고 무던히 애를 썼습니다. 그때 생각난 건축가가 안토니오 가우디였습니다. 가우디의 가우디에 의한 가우디를 위한 도시라고도 불리는 바르셀로나는 경환이가 좋아하는 축구의 도시이기도 했습니다.

🧑‍🦰 **엄마**: 경환아, 바르셀로나 알아?

🧒 **경환**: 그럼요. FC바르셀로나는 최고예요.

🧑‍🦰 **엄마**: 그래? 근데 거기 엄청 유명한 건축가가 있대. 가우디라고, 그 건축가가 설계한 성당이 100년이 지났는데 아직도 만드는 중이래.

🧒 **경환**: 에이, 그게 말이 돼요? 100년 넘게 어떻게 건축을 해요?

🧑‍🦰 **엄마**: 물론 건축가는 돌아가셨지. 하지만 설계도가 남아 있어서 2026년에 완공 예정이래. 이 사진 봐봐.

🧒 **경환**: 와, 신기해요. 뭐로 지었길래 찰흙 찍어놓은 것처럼 생겼지?

예상대로 경환이는 가우디 작품에 빠져들었습니다. "가우디가 말했대. 직선은 인간의 선이고, 곡선은 신의 선이다. 그래서 가우디 작품에는 곡선이 많아. 다른 사진들도 있는데 보여줄까?" "네, 보여주세요." 일단 가우디에게 다가가기 성공입니다.

가우디로 만난 수학

가우디 작품을 보는 경환이의 눈빛이 빛나기 시작하자 저도 바빠졌습니다. 마침 예술의 전당 한가람 디자인 미술관에서 '가우디전'을 하고 있어서 부랴부랴 예약했습니다. 경환이는 족히 세 시간 동안 가우디전에 머물렀습니다. 공간과 소리의 여백을 유독 좋아하는 아이라 책을 읽거나 그림을 감상하거나 음악을 들을 때 중간에 말 거는 걸 별로 좋아하지 않거든요. 혼자만의 시간을 즐기게 두면 2~3일쯤 후에 자기 감상을 말하곤 합니다. 아마도 소화하는 데 시간이 필요한 것 같습니다. 가우디전에서도 마찬가지였지요. 한 작품을 오래 보고 있으면 '아, 이 작품과 대화 중인가보다' 하고 기다렸습니다.

저는 이런 경환이를 관찰합니다. 눈길이 어디로 가는지, 발걸음은 어디에 멈추는지, 어떤 작품 앞에 오래 있는지. 며칠 후에 무슨 말을 걸지 모르니까요. 경환이가 제일 오랫동안 공들여 봤던 것은 일종의 구조물이었습니다. 가우디가 발명한 다중 현수선 모형을 만들어 전시 중이었는데, 현수선에 추가 달린 채로 늘어져 있는 모양이 놀라웠습니다. 가우디는 이 모형을 만드는 데 10년이 걸렸다고 합니다. 콜로니아 구엘 성당에서 처음 시도했고, 더 크게 발전시켜 사그라다 파밀리아 성당에도 이 모형을 적용했습니다. 경환이는 가우디의 건축 노트 사진에서도 오래 머물렀는데, 구엘 공원의 기울어진 기둥 사진이었습니다. 이 기둥은 벡터값으로 계산된 하중을 버티기 위해 수학적으로 엄밀하게 설계되었다고 합니다. 건축과 수학이 밀접하다는 것은 알고 있었지만, 이렇게까지 수학이 쓰일 줄은 몰랐습니다.

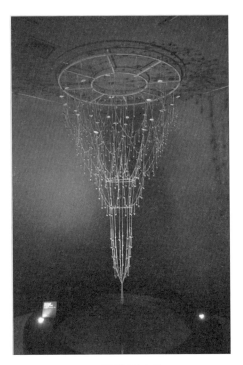

▲ 다중 현수선 모형

 이틀 후, 손에 글러브를 낀 채 공을 위로 던졌다가 받았다를
반복하면서 야구를 보던 경환이가 말했습니다.

😀 **경환**: 엄마, 저 가우디 진짜 존경하기로 했어요. 가우디의 곡선이 그냥
 나올 수 있는 게 아니래요. 손으로 그리는 것도 아니고, 미니어
 처도 아니고, 사람들이 실제로 몇백 명이 들어갈 수 있는 건축물

인 거잖아요. 수학적이면서 예쁘고 안전하기도 해서 감동적이었어요.

👩 **엄마**: 그런 이야기는 전시회에서 본 거야?

🧒 **경환**: 궁금해서 EBS 다큐멘터리 찾아봤어요.

👩 **엄마**: 어떤 점이 존경스러웠는데?

🧒 **경환**: 그 모형 기억나요? 그거 만드는데 한 번에 성공한 게 아니래요. 계산해 보고 안 되면 다시 하고, 또다시 계산해 보고 안 되면 다시 하고, 인내심이 있어서 존경스러워요. 도마뱀도 있잖아요. 그거 너무 예쁘던데요?

👩 **엄마**: 그랬구나. 그런데 도마뱀은 뭐지?

🧒 **경환**: 구엘 공원에 있는 도마뱀 분수요. 나중에 바르셀로나 가면 구엘 공원이랑 사그라다 파밀리아 성당은 꼭 보고 싶어요.

👩 **엄마**: 그래, 우리 꼭 가보자.

현대미술과 수학의 기묘한 애착 관계

경환이는 생각하거나 알고 있는 것의 20% 정도만 말하는 아이였어요. 또 다른 생각이 듣고 싶다면 뭔가 활동해야 했는데 도마뱀 분수는 아무리 생각해 봐도 마땅히 떠오르는 게 없었습니다. 저는 만들기에 영 재능이 없어서 도마뱀을 찰흙으로 빚고 겉을 꾸미는 건 생각만 해도 머리가 아팠어요. 그래서 저도 재미있고 아이도 재미있다고 느낄 만한 게 뭘까 생각하다가 아이가 현대 건축가의 매력에 빠졌으니 이 기회에 현대미술 쪽을 찾아봐야겠다 싶었습니다.

그런데 시간은 어찌 그리 빨리 가는 걸까요? 초등학교 3학년 겨울방학이 되어 4학년 예습을 좀 해야겠다고 생각하고 교과서를 들쳐 보는데, 평면도형의 이동 단원에서 테셀레이션(도형으로 겹치지 않으면서 빈틈없이 채우는 것)이 소개되어 있었습니다. 테셀레이션을 대표하는 판화가 마우리츠 코르넬리스 에셔^{Maurits Cornelis Escher}의 작품 중에 마침 도마뱀을 그린 〈파충류〉가 있습니다.

▲ 〈파충류〉, 마우리츠 코르넬리스 에셔, 1943

가우디의 도마뱀 분수가 입체라면, 에서의 〈파충류〉는 평면입니다. 도마뱀을 돌려서 평면을 빈틈없이 메꾸면 다채로운 모양이 나타납니다. 반복되는 패턴이 있으면서 그 안에 다양한 방향의 도마뱀이 보이죠. 에서의 도마뱀은 발전합니다. 그림의 평면 부분을 확대하면 선이 보이는데, 육각형이지요. 이 원리를 이해한다면 평면도형 뒤집기 돌리기는 아무것도 아닙니다. 에서의 초기 작품은 이보다 훨씬 간단한 테셀레이션이었습니다. 쉬운 것부터

▲ 아이와 함께 그려본 테셀레이션

도마뱀까지 몇 개 만들어보면 재미도 있고, 가우디의 도마뱀 분수에 대한 아쉬움도 어느 정도 해소될 거라 생각했습니다.

우리는 방학 내내 틈만 나면 테셀레이션을 했습니다. 덕분에 현대미술이 수학과 떼려야 뗄 수 없는 관계가 있다는 걸 확실히 알게 되었습니다. 국립현대미술관의 설치미술을 보러 간 것도 가우디 이후 현대미술에 대한 끈을 놓지 않았기 때문입니다. '현대차 시리즈 2016 : 김수자-마음의 기하학'을 보면서 또 한 번 수학의 예술성에 감탄했습니다. 최근 작품이 아니더라도 20세기의 몬드리안, 칸딘스키, 뒤샹, 콜더 같은 화가들의 작품에서도 수학의 아름다움을 충분히 느낄 수 있습니다.

수학하면 수와 연산이 전부라고 생각하는 사람들이 많습니다. 하지만 수학의 역사를 살펴보면 수와 연산 못지않게 도형(기하학)에 대한 연구도 긴 역사를 자랑하고 있어요. '기하학적인 아름다움'이라는 표현도 있듯이 도형은 예술가에게 영감을 주는 수학 요소입니다. 최근 수학 교과서에는 수학적인 요소들이 풍부한 미술 작품을 많이 보여주고 있습니다. 수학과 다른 과목과의 융합이 교육 목표 중 하나이기도 하고, 현대미술이 종합적인 성격을 띠고 있기 때문이기도 합니다.

가우디에서 현대미술까지 기나긴 여정을 함께하면서 경환이는 수학과 좀 더 친해지게 되었습니다. 초등학교 3학년을 거치면서 수학이 딱딱하고 뾰족하다고 생각해 두려움이 커진 것 같았는데, 가우디를 만나고 수학의 부드러움을 알게 되었답니다.

문·이과 통합형 인재
레오나르도 다빈치 따라잡기

수학머리 생각도구	추천 연령	수학 놀이터
입체적으로 표현하기	7~9세	집

고등학생 때 친구들이 할리우드 배우 레오나르도 디카프리오에게 열광할 때 저는 레오나르도 다빈치에 빠져있었습니다. 제가 레오나르도 다빈치를 좋아하는 이유는 그림 그리는 대상을 꾸준히 연구했던 과학적 면모 때문입니다. 그는 자연스러운 인물을 그리기 위해 인체해부학을 공부했고, 사실적인 그림을 그리기 위해 원근법을 시도했으며, 진짜 사람처럼 보이게 하려고 사람과 사물의 연결 부분을 윤곽선 없이 흐리게 그리는 스푸마토 기법을 사용했습니다. 레오나르도 다빈치는 40살이 넘어서 처

음으로 라틴어를 배우기도 했지요. 나이가 들어도 배움을 멈추지 않는 모습이 멋있었습니다. 아마도 제가 아이에게 그리스 로마 신화를 읽어주고 성경을 읽어줬던 건 레오나르도 다빈치 같은 르네상스 인간으로 키우고 싶은 욕심이 있었을지도 모르겠습니다. 문과나 이과, 어느 한쪽으로 치우친 인재보다 문·이과 통합형 인재로 키우고 싶었으니까요.

아이에게 그림을 보여주는 이유

레오나르도 다빈치의 그림 중에 아이와 보고 또 보고 했던 그림이 두 점 있습니다. 하나는 〈모나리자〉고, 다른 하나는 〈최후의 만찬〉입니다. 제가 29살이 되던 해 프랑스 파리에 있는 루브르 박물관에 갔는데, 생각보다 훨씬 작은 〈모나리자〉 그림 앞에 옹기종기 앉아 〈모나리자〉를 따라 그리던 학생들의 모습이 매우 인상 깊었습니다. 아마도 박물관이나 미술관에서 아이와 그림을 그리게 된 것도 그때의 모습이 선명하게 남아 있기 때문인 것 같아요.

　제가 왜 이렇게 미술, 그것도 그림을 집요하게 다루는지 궁금하나요? 인간의 생각을 표현하는 방법은 미술, 음악, 문학, 과학,

수학 등 다양하게 있습니다. 그중에서 저는 작가가 어떤 대상(사람일 수도 있고, 자연일 수도 있고)을 관찰하다가 알게 된 패턴이나 느낌을 표현하고 싶을 때, 그 표현의 문턱이 가장 낮은 분야가 미술이라고 생각합니다. 언어가 없던 원시인들도 동굴에 그림을 그렸으니까요. 음악은 소리만으로는 전수가 어려우니까 악보의 형태로 남잖아요. 그러니 미술보다 기술이 더 필요했을 거예요. 문학은 글자를 익혀야 하고, 과학은 수학을 할 수 있어야 하고, 수학은 기호를 익혀야 하니 아이들에게는 미술이 가장 접근하기 쉬운 표현 방법입니다. 어린아이는 추상적인 수학보다 구체적인 그림을 훨씬 직관적으로 받아들일 수 있으니 그림에서 출발한다면 수월하겠죠? 무엇보다 그리고 배우는 것 따로 창작하는 것 따로 하는 것보다 배우면서 동시에 창작의 기쁨까지 느끼면 좋으니까요.

게다가 서양미술에는 서양의 문화가 담겨있고, 미술 도구, 즉 물감에는 과학의 발전이 담겨있지요. 제가 주목했던 것은 사조(한 시대의 일반적인 사상의 흐름)의 변화입니다. 르네상스 시대 이후 미술의 발전 과정에서 화가들이 원근법을 시도함으로써 수학의 사영기하학 분야에 영향을 주었고, 과학적으로 빛을 연구했던 광학의 발전은 19세기 인상주의 학파의 그림에 영향을 주었으니까요.

비슷한 그림 여러 개 함께 보기

이런 이유로 저는 아이가 어릴 때 그림을 줄기차게 봤고, 특히 레오나르도 다빈치의 그림을 보며 이야기를 많이 나누었습니다. 매번 미술관에 갈 수 없으니 그동안 사 모은 도록과 미술 평론가 이주헌이 쓴 《오감이 자라는 꼬마 미술관》 시리즈를 즐겨 봤습니다. 아이와 함께 그림을 볼 때는 좋아하는 그림 하나만 보면 재미가 덜하니 같은 주제의 그림을 여러 개 보여주면서 이야기를 나눴습니다.

다음은 〈최후의 만찬〉 그림입니다. 그림 1은 코시모 로셀리, 그림 2는 도메니코 기를란다요, 그림 3은 레오나르도 다빈치가 그렸습니다. 셋 다 비슷한 시기에 그려서 기법도 비슷합니다. 그림에 사실감을 주기 위해 원근법을 사용했고 소실점이 한 개인 1점 투시도법을 활용했습니다. 그런데 차이점도 있습니다.

> 👩 **엄마**: 정근아, 네가 좋아하는 〈최후의 만찬〉 그림이야. 세 화가의 그림이 어떤 점이 다른지 이야기해 볼까?
>
> 🧒 **정근**: 첫 번째 두 번째 그림은 예수님이 등을 돌리고 있어요. 세 번째 그림은 테이블 가운데에서 우리를 바라보고 있고요. 또 두 번째 그림은 사람들 등 뒤에 그림자가 커요. 첫 번째 그림도 그림자가

▲ 그림 1. 코시모 로셀리, 1481~1482,
시스티나 성당

▲ 그림 2. 도메니코 기를란다요, 1486,
산 마르코 박물관

▲ 그림 3. 레오나르도 다빈치, 1520,
산타 마리아 델레 그라치에 성당

있는 것 같긴 한데 두 번째 그림보다 확실하지는 않은 것 같아
요. 근데 전 세 번째 그림이 제일 재미있어요.

엄마: 오, 좋은 지적이야. 그런데 세 번째 그림은 어떤 점이 재미있어?

정근: 사람들이 모여서 이야기하는 것 같은데, 이 사람은 화가 난 것
같고, 이 여자는 슬퍼 보이고, 예수님은 뭐라고 말하는 것 같고,
오른쪽에 있는 이 사람들은 흥분한 것처럼 보여요. 그래서 이 그
림이 제일 진짜 같아서 좋아요.

마법 같은 원근법

그림만 보고 원근법이 적용되었다는 걸 알기는 어려우니 이번에는 사진을 통해 좀 더 자세히 알아보겠습니다.

🧑‍🦱 **엄마**: 정근아, 이 사진 한번 볼래? 여기 가로등이 있지? 가로등 크기가 다 같아 보이니? 가로등 사이의 거리는?

🧒 **정근**: 아니요. 앞에 있는 게 더 커 보여요. 가로등 사이 거리도 좁아지는데요?

🧑‍🦱 **엄마**: 저 길은 저렇게 사라져 버리는 걸까? 아니면 사라진 것처럼 보이는 걸까?

🧒 **정근**: 실제로 도로가 없어지면 안 되잖아요. 사진에서만 안 보이는 거겠죠.

우리가 사는 실제 세계는 3차원이라고 합니다. 가로, 세로, 높이가 있으니까요. 이걸 종이에 옮긴다고 생각하면 어떨까요? (사진도 종이에 뽑으니까 종이랑 같다고 보면 됩니다.) 종이는 가로와 세로밖에 없으니 2차원입니다. 3차원을 2차원 위에 그리려면 최대한 입체감을 살려야 됩니다. 여러 방법 중 하나가 바로 원근법입니다. 원근은 멀 원遠, 가까울 근近으로 멀고 가까운 걸 종이에 나타내는 방법이죠. 이 방법을 이용하면 그림이 진짜처럼 보입니다.

사진에서 오른쪽에 세워진 가로등의 머리를 앞에서부터 뒤로 쭉 자 대고 선을 긋고, 왼쪽도 동일하게 선을 그으면 두 선이 한 점에서 만납니다. 대화에서 말했던 도로가 끝나는 것처럼 보이는 곳이죠. 이 점을 향해서 가로등도 점점 짧아지고 있는데, 이 점을 원근법의 기준이 되는 소실점이라고 합니다.

3차원을 2차원에 옮기는 건 실제처럼 보이게 그린다는 거지 실제는 아닙니다. 실제로는 가로등 길이, 가로등 간격, 길의 폭이 똑같지만 평평한 종이 위에서는 다르기 때문이죠. 오히려 똑같이 그리면 진짜처럼 안 보입니다. 아이는 앞으로 수없이 원근법을 경험하게 됩니다. 그림을 그려보고 분석해 보면서 실제 어떤 모습일지 생각해 보는 과정에서 수학적 사고력을 만들어 가게 될 거예요.

호기심을 파고들어
생각도구 단련하기

규칙을 찾으며 **시야**를 확장하고
체계적으로 분류하며
분석적으로 생각하기

달의 변화
관찰하기

수학머리 생각도구	추천 연령	수학 놀이터
규칙 찾기	5~7세	동네

아이가 4~5살이 되면 "지금 몇 시예요?" "오늘 며칠이에요?" "오늘 무슨 요일이에요?"와 같은 '시간'에 대한 질문을 합니다. 그럼 시계 보는 법을 알려주거나 달력 읽는 법을 알려줍니다. 그런데 그보다 더 중요한 게 있습니다. 바로 시간을 보여주는 겁니다.

30년 전만 해도 아이들은 밖에서 많이 놀았습니다. 친구들과 시간 가는 줄 모르고 놀다가 해 질 무렵 하늘이 붉어지고 주변이 거뭇해지면 집으로 가야 할 시간이라는 걸 알았죠. 밤늦게까지 TV를 보다가 자정이 되면 나오는 화면 조정 시간을 보고 잠자리에 들기도 했고요. 평일 낮에는 TV를 볼 수 없으니 주말만 되면 온종일 TV 앞에 있기도 했습니다. 여름에 귤을 먹는다는 건 상상할 수 없었고, 겨울엔 처마마다 고드름을 흔히 볼 수 있었죠.

지금은 밖에서 노는 아이들이 별로 없습니다. 평일, 주말 밤낮할 것 없이 TV를 틀면 방송이 나오고, 원한다면 유튜브나 OTT로 밤새도록 영상을 볼 수 있습니다. 1년 열두 달 귤을 먹을 수 있고, 여름에는 에어컨 때문에 실내에서 긴 옷을 입고 있는 경우가 흔합니다. 고드름은 오히려 보기 더 어려워졌죠.

이런 환경은 아이들에게 시간의 흐름을 느끼게 하기 어렵습니다. 아이들은 감각적으로 지식을 습득합니다. 특히 시간과 같은 추상적인 개념은 경험이 중요합니다. 그래서 의식적으로 시간의 흐름을 관찰할 기회를 주어야 하죠. 관찰은 수학머리를 키우는 모든 활동의 출발점이 됩니다.

매일 저녁 8시, 달을 탐험하는 시간

둘째 아이가 5살이 될 무렵에는 저녁 8시쯤에야 퇴근할 수 있었습니다. 퇴근 후 아이를 데리고 깜깜한 골목을 지날 때면 아이는 하루 종일 있었던 일을 이야기하곤 했습니다. 좁은 골목을 지나

시야가 확 트인 곳에 이르면 휘영청 밝은 달이 떠 있었습니다. 주변보다 지대가 높은 데다가 맞은 편에 높은 건물이 없어서 멀리 남산타워가 한눈에 보이는 곳이었죠. 날이 좋으면 제2롯데월드까지 보이는 전망이 끝내주는 이곳을 우리는 '청파동뷰'라고 불렀습니다. 집으로 가는 길이 여럿 있지만 우리는 이 길을 좋아했습니다. 청파동뷰에 서서 파랑에서 빨강으로 바뀌는 남산타워를 보거나 훤하게 떠 있는 달을 보며 한참을 떠들다 집으로 갔습니다. 시간의 흐름을 볼 수 있는 좋은 소재인 '달'을 매일 관찰하고 기록하고 대화하면서 지식을 확장할 수 있는 시간이었습니다.

"정근아, 달 좀 봐. 며칠 전에는 만두같이 한쪽만 동그랗던 것 같았는데, 오늘은 달고나처럼 완전 동그랗네. 저런 달을 보름달이라고 해." 엄마의 호들갑에도 아이는 별 반응 없이 시큰둥했습니다. 처음에는 그렇지요. 하지만 닷새 정도 지나면 아이 입에서 이런 질문이 나옵니다. "엄마, 저 달은 왜 매일 모양이 달라져요?"

아이가 달의 모양에 대해 궁금해하기 시작하면 아이와 달 탐험을 시작해 보세요. 탐험의 시작은 관찰과 기록입니다. "달이 지구 주위를 돌거든. 그래서 조금씩 달이 보이는 부분이 달라지는 거야. 정근이가 달 모양이 바뀌는 게 궁금한 모양이구나. 우리 내일부터 달 탐험단 꾸릴까? 엄마가 말했지? 무언가 알고 싶은 것이 생기면 탐험해야 한다고. 명탐정 코난처럼 멋진 모자도 쓰고,

수첩도 한 권 준비하자. 카메라랑 나침반도 준비하면 멋진 달 탐험단이 될 거야."

다음 날부터는 카메라와 나침반을 챙겨 나갑니다.

🧑‍🦰 **엄마**: 오늘은 달 모양이 어떤 것 같아?

👦 **정근**: 달이 어제보다 안 동그래요. 좀 찌그러진 것 같아요.

🧑‍🦰 **엄마**: 그렇구나. 어느 쪽이 찌그러진 것 같아?

👦 **정근**: (오른손을 들며) 이쪽이요.

🧑‍🦰 **엄마**: 오른쪽? 우리 카메라로 찍어볼까? 수첩에 오늘 달 모양을 그려 두려면 찍어가는 게 좋을 것 같아.

어느 날에는 정근이가 이렇게 물었습니다.

👦 **정근**: 엄마, 어제까지 보이던 달이 왜 보이지 않죠?

🧑‍🦰 **엄마**: 아마 음력 28일이나 29일쯤 되지 않았을까? 한 달에 3일 정도 달이 보이지 않을 때가 있거든. 우리가 평소에 쓰는 날짜는 양력인데, 달을 기준으로 하는 날짜는 음력이야. 네 생일은 매년 똑같은데 아빠 생일은 바뀌잖아. 그게 음력이라서 그래. 우리 음력 날짜를 한번 찾아볼까?

아이와 음력 날짜 변환기를 이용해 확인해 봅니다. 이날부터는 달 모양과 음력 날짜도 함께 기록합니다.

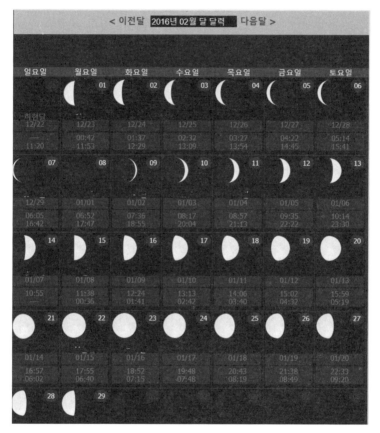

▲ 달력에 매일 달 모양을 기록하며 달의 변화를 관찰해 보세요.

내일 달 모양은 어떨까

매일 같은 시간대에 같은 장소에서 달을 보면서 할 수 있는 질문들은 많습니다. "내일은 달이 어떤 모양일까? 미리 그려보고 내일 확인해 볼까?" "음력 15일은 어떤 모양이지? 지금까지 조사한 내용을 보고 생각하자" "3월에는 보름달을 몇 번 볼 수 있지?" "지금까지 봤던 달의 모양이 어떤 것들이 있었지?" 등 달을 관찰하면서 달의 모양에 규칙이 있다는 걸 아이 스스로 발견할 수 있도록 도와주는 질문이면 더 좋습니다. 그 규칙을 발견한 아이는 달의 다음 모양을 예상할 수 있게 됩니다. 이것은 매우 중요한 수학적 특징입니다.

시간은 반복됩니다. 1년은 12월까지 있고, 12월 31일 다음은 새해인 1월 1일이 됩니다. 일주일은 월·화·수·목·금·토·일 7일이고, 1일은 24시간, 1시간은 60분입니다. 시간의 중요한 특징 중 하나는 바로 반복되는 '주기'가 있다는 것입니다. 그리고 달력에서는 하루도 빠지지 않고, 시계에서는 단 1초도 빠짐없이 채우며 흘러간다는 것이죠. 즉 멈추지 않고 연속적이라는 특징이 있습니다. '연속성'은 수학에서 핵심 주제입니다.

아이와 습관처럼 달의 모양과 음력 날짜를 기록해 보세요. 나침반으로 방향을 확인하고 기록하면 더 좋습니다. 한 번에 다 하려 하지 말고 달의 모양이 익숙해지면 음력 날짜를 추가하고, 음력 날짜가 익숙해지면 방향을 추가하면 됩니다. 이 기록이 시간을 보여주는 증거가 됩니다. 시간은 추상적이지만 아이와 엄마가 대화하며 기록했던 순간들은 구체적인 경험으로 남게 되죠. 이런 경험이 많은 아이는 학교에서 시간 단원을 만나면 따로 공부할 게 없게 된답니다.

태양 그림자
기록하기

수학머리 생각도구	추천 연령	수학 놀이터
규칙 찾기	6~9세	동네

2016년 KBS에서 방영한 드라마 〈장영실〉이 있습니다. 인간 장영실에 초점을 맞춘 드라마여서 장영실이 만든 물시계, 측우기뿐만 아니라 해시계인 앙부일구, 휴대용 해시계인 현주일구까지 재현되어 볼거리가 많았지요. 특히 마을 입구에 마을 시계를 만들어 둔 장면은 매우 인상적이었습니다. 드라마에서는 일상에서 시간을 확인할 수 있게 되면서 사람들의 생활이 바뀌어 가는 것에 의미를 부여했지만, 저는 달을 관찰하듯 태양도 관찰하고 싶어졌습니다.

그래서 본격적으로 궁리를 시작했습니다. 저는 아이들과 함께하고 싶은 주제가 생기면 시도 때도 없이 생각의 회로를 움직입니다. 이때 원칙이 있습니다. 첫째는 내가 편해야 합니다. 누가 시켜서 하는 것도 아니고, 아이와 보내는 시간이 저도 아이도 의미 있어야 하니 내가 힘들다면 그건 아이에게도 득 될 것이 없기 때문이죠. 둘째는 주제의 핵심에만 집중하기입니다. 이건 첫 번째 조건과 궤를 같이합니다. 아이들과 하는 활동이 1년에 한두 번 할까 말까 하는 이벤트가 되면 교육적인 효과를 보기 어렵습니다. 너무 거창하지 않게, 간단하게 치고 빠지듯이 할 수 있어야 자주 할 수 있습니다.

아이와 해시계 만들기

두 가지 원칙에 따라 손이 많이 안 가면서, 해가 움직이는 것을 눈으로 확인할 수 있는 활동을 찾기 위해 집 주변을 여러 시간대에 돌아보았습니다. 마침 동네 사람들과 같이 돌보는 화단이 있었는데, 남향이어서 해가 질 때까지 건물 그늘에 가리지 않는 곳이었어요. 게다가 어디를 가더라도 그 화단을 꼭 거쳐야 하고, 집 현관에서 스무 발짝 이내여서 확인하기도 쉬워 최적의 장소라고 판단했습니다. 동네 사람들에게 양해를 구하고 아무것도 심기지 않은 사방 50cm 정도 되는 곳을 쓰기로 했습니다. 어느 토요일 오전 아이와 화단으로 나갔습니다.

👩 **엄마**: 우리 여기다 아이스크림 막대기 하나 꽂을까?

👦 **경환**: 막대기 심어서 뭐하려고요?

👩 **엄마**: 해가 움직이는 걸 보려고. 지구가 스스로 돌고 있는 건 알지?

👦 **경환**: 정말요? 지구가 혼자 돌고 있다고요?

👩 **엄마**: 그래, 그러니까 아침 점심 저녁이 있는 거야. 엄마가 태양이고 네가 지구야. 만약에 네가 가만히 있으면서 엄마 주위를 돌면 어 떻게 될 것 같아? 엄마를 쳐다보면서 도는 거야. 게걸음으로 한 번 돌아봐.

아이는 저를 바라보며 게걸음으로 한 바퀴 돕니다.

👩 **엄마**: 어때? 돌면서도 계속 엄마가 보이지? 엄마 옆도 보이고 등도 보 이고 얼굴도 보였지? 엄마도 계속 너를 봤는데 곁눈질로 봐야 해서 네 얼굴만 보였어. 지구가 만약 스스로 돌지 않고 태양 주 위만 돈다면 아침 점심 저녁은 없을 거야. 매일 낮이던가 매일 밤이겠지.

👶 **경환**: 아~.

👩 **엄마**: 어렵지? 몰라도 괜찮아. 그렇지만 해가 움직이는 모습은 꼭 확인해 보면 좋겠어. 이제 막대기를 꽂아보자. 어때 그림자가 생겼지? 해를 바로 볼 수 없으니까 해 반대 방향에 생긴 그림자를 보는 거야.

👶 **경환**: 이 진한 막대기 모양이 그림자구나.

👩 **엄마**: 막대기 길이를 재 볼래?

👶 **경환**: (아이가 직접 줄자를 막대기 끝에 대고 그림자 끝까지 길이를 쟀습니다.) 12요.

👩 **엄마**: 방향은 어느 쪽이야? 여기다 표시해 볼까?

아이가 서 있는 방향에서 보이는 대로 그리게 합니다. 이런 활동을 4주 정도 진행해 봅니다. 토요일, 일요일만 해도 되고, 여유가 있으면 다른 요일에 해도 됩니다. 적어도 5일은 해야 규칙성을 볼 수 있습니다. 표를 여러 개 만들기보다는 다음 표처럼 하나만 만들어서 첫날 막대 길이 옆에 바로 표시해 보세요.

그렇게 관찰하고 기록하면서 아이와 대화해 보세요. 어제와 오늘 아침의 방향은 어땠는지, 그 방향이 서쪽인지 동쪽인지, 아침에는 어느 쪽으로 그림자가 생기고, 낮은 어떻고 밤에는 어떤지 등 예상해 보는 것도 좋습니다.

길이(cm)	아침 먹고	점심 먹고	오후 간식 먹고
15			
13			
11			
9			
7			
5			
3			
1			
방향			

▲ 막대기 그림자의 길이와 방향을 기록해 규칙을 찾아보세요.

해시계에서 발견한 규칙

이렇게 3일 정도 기록한 다음 아이에게 물었습니다.

🧑 **엄마**: 태양 그림자를 3일간 그려봤는데 뭔가를 발견했니?

👦 **경환**: 아침엔 항상 그림자가 서쪽에 있어요. 점심때는 북쪽, 오후 간식에는 동쪽에 있고요.

🧑 **엄마**: 엄마가 발견한 것도 이야기해 볼게. 엄마는 점심때 그림자 길이가 제일 짧다는 걸 알았어.

👦 **경환**: 엄마, 해가 떴다가 지잖아요. 그럼 해가 어디에 가 있는 걸까요? 밤에는 달에게 자리를 비켜주나요? 매일 아침이면 다시 같은 자리에 나타나는 게 신기해요.

🧑 **엄마**: 좋은 질문이구나! 지난번에 하던 이야기를 다시 한번 해야겠네. 엄마는 태양이고 네가 지구야. 네가 엄마 주위를 돌잖아? 그런데 그때 네가 스스로 한 바퀴 돌면서 엄마 주위를 도는 거야. 두 가지를 동시에 하기는 힘드니까 그냥 제자리에서 한 바퀴 돌아 봐.

아이가 제자리에서 한 바퀴 돌 때, 아이가 엄마를 등지게 되는 순간 잠시 멈추게 합니다. 그리고 엄마가 보이는지 물어보세요. 서로 등지고 있으니 당연히 보이지 않을 거예요. 이렇게 아이가 등지고 있을 때가 밤입니다. 그런 다음 아이가 돌던 방향으로 마저 돌게 해서 엄마랑 눈이 마주치면 다시 한번 멈추게 합니다. 그때가 바로 점심때입니다. 해가 어디에 다녀오는 게 아니고, 지구가 도는 거라는 걸 직접 해보면서 알려주면 좋습니다.

아이가 이해를 못 하고 딴소리를 할 수 있습니다. 낙담하지 마세요. 이런 기회는 여러 번 생길 거예요. 그때마다 자꾸 이야기 해 주세요. 태양의 그림자를 기록하면서 하루 동안 태양의 움직임이 매일 같은 규칙으로 반복된다는 것을 아이가 인식한 것만으로도 큰 수확입니다. 장영실이 시계를 만들 때 하늘을 바라보는 앙부일구로 만든 이유도 이해하게 되고, 과학 기구의 발명은 수학적 사고가 있어야만 가능하다는 것도 깨닫게 될 거예요.

셀 수 있는 것과 셀 수 없는 것

수학은 세는 것에서 시작되었습니다. 세상에는 셀 수 있는 것과 셀 수 없는 것이 있어요. 셀 수 있는 것은 '이산량'이라고 해요. 사과, 사람, 자동차처럼 하나씩 셀 수 있는 것이에요. 셀 수 없는 것은 '연속량'이라고 하는데 길이, 넓이, 들이, 부피, 그리고 시간 같은 것이에요. 측정 영역에서는 연속량이 많이 나오지요. 측정은 생활에 밀접한 영역으로 아이가 학교에서 'cm(센티미터)'를 배우지 않았어도 놀이동산에 가면 내가 이 놀이기구를 탈 수 있나 없나 확인하면서 알게 되죠(키 제한). 우리는 시계를 늘 보면서 살아요. 생일파티를 하려면 달력은 필수죠.

시간은 그 끝이 어디인지 알 수 없습니다. 게다가 직접 눈으로 확인할 수도 없습니다. 달이나 해를 보면서 간접적으로 확인할 수밖에 없어요. 달을 관찰하면서 한 달이라는 시간을 경험하고, 해를 보며 하루를 알게 되죠. 저는 그걸 눈으로 확인시켜 주고 싶었습니다.

버스 번호로
수 감각 깨우기

수학머리 생각도구	추천 연령	수학 놀이터
규칙 찾기	6~9세	버스 정류장

이사 간 지 얼마 안 되었을 때입니다. 정근이는 새로 옮긴 어린이집에, 경환이는 초등학교 3학년 생활에 적응하느라 힘들어했습니다. 학원에서 매일 늦게까지 수업하던 저는 일주일에 하루쯤은 학원 수업을 줄여서라도 아이들과 시간을 보내야겠다는 생각이 들었습니다. 아이들에게 일상에서 즐거운 일을 만들어 줘야 할 것 같았습니다.

수요일 오후 5시 30분, 태권도 수업을 마친 아이들을 데리고 버스 여행을 떠났습니다. 태권도 학원 근처에 버스정류장과 지하철역이 있어서 이동하기에 좋았거든요. 데리러 가는 시간이 이미 늦은 시간이어서 지하철도 버스도 퇴근하는 사람들로 북적였지만, 아이들은 엄마와 하는 데이트를 즐겼습니다.

아이들과 처음 버스 여행을 하기로 한 날이니만큼 너무 멀지 않으면서 여행 기분은 나고, 먹거리와 볼거리가 많은 데를 물색한 끝에 종로로 정했습니다. 이름하여 '엄마와 함께하는 종로 버스 투어'. 계획을 꼼꼼하게 짜는 스타일은 아니어서 굵직하게 버스 번호와 장소만 정했습니다. 저희가 버스를 타는 숙대입구역은 중앙차선에 버스정류장이 있고, 지하철에서 갈아타는 사람들이 많아서 버스 노선이 무척 많았습니다. '여기서 내가 정신 놓치면 큰일 난다. 오늘은 여행이야. 여행지에 사람이 많은 건 당연한 거니 내가 짜증 내면 아무 의미 없어.' 속으로 이 주문을 얼마나 외웠는지 모릅니다.

버스정류장에서 하는 숫자 놀이

"얘들아, 우리가 탈 버스가 150번이야. 종로2가 정류장에서 내릴 거야. 저기 버스 안내기 보이지? 150번 오려면 몇 분 남았다고 쓰여 있어?" 경환이가 빠르게 눈으로 훑습니다. 정근이는 버스 안

내가 뭔지도 모르는 눈치입니다. "엄마, 10분 남았대요." 아직 여유가 있어서 버스 노선도를 가지고 놀아보기로 합니다.

"우리가 내리는 정류장이 뭐라고 했지?" "종로2가" 둘이 입을 모아 말합니다. "그럼, 정류장 벽에 안내된 파란색 버스는 몇 대지?" "하나, 둘, 셋, 넷, 다섯… 열일곱, 17대요." 이번에도 경환이가 빠릅니다. 정근인 울상이 됩니다. "정근이는 버스 번호에 1이 몇 개 있는지 세어 봐. 그동안 경환이는 종로2가 가는 버스가 150번 말고 뭐가 있는지 찾아보자. 이건 빨리하는 게 아니고 빠짐없이 봐야 하는 거니까 집중해서 찾는 거야." 아이들이 노선도에 빠져 있는 동안 잠시 숨을 돌립니다.

"엄마, 종로 2가 가는 버스는 150번 말고 501번도 있어요." "그럼 501번은 몇 분 남았지?" "1분이요." "그거 타면 되겠다." 정근이가 말합니다. "엄마, 1이 13개 있어요." "오, 그래 애썼네. 일단 버스부터 타자." 정근이 허리를 한 손으로 낚아채서 버스에 올라 탑니다. 운 좋게 제일 뒷줄에 앉았습니다. 종로2가가 종점이어서 마음 편하게 가면 됩니다.

그런데 경환이가 갑자기 얼굴이 상기되어 말했습니다.

🙂 **경환**: 엄마 제가 신기한 거 발견했어요. 150번하고 501번하고 똑같은 게 또 있어요.

👩 **엄마**: 뭐지? 정근이는 뭐 눈에 보이는 거 있니?

👦 **정근**: 음, 숫자 개수?

👦 **경환**: 정근아, 형이 힌트를 줄게. 숫자를 백오십, 오백일 이렇게 읽지 말고 일오영, 오영일 이렇게 읽어봐.

👦 **정근**: 일, 오, 영, 오, 영, 일? 아, 찾았다! 숫자가 같아. 둘 다 1, 5, 0이야.

정근이는 눈이 동그래져서 형 손을 붙잡고 말했습니다. "신기하지. 형도 버스 타면서 갑자기 생각난 거야." 아이들이 버스 번호를 궁금해하니 너무나 감사한 일입니다. 다음 버스 여행에서 버스 번호의 비밀을 탐구해 보면 재미있을 것 같습니다.

버스 번호로 규칙 배우기

다음 날 저녁, 아이들에게 서울 버스 번호 체계를 알려줬습니다. 서울 버스는 번호에 규칙이 있어요. 우리가 탄 501번 버스는 파란색 버스고, 간선버스라고 하죠. 버스 번호는 앞에 있는 번호 2개가 중요한데, 제일 앞에 있는 번호는 출발지, 두 번째 번호는 도착지를 의미합니다(마지막 번호는 순서대로 붙여줍니다). 다음 사진을 보면 지도 부분이 서울이고 지도 밖이 경기도인데, 간선버스

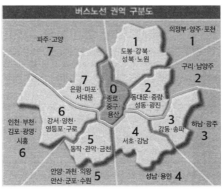

▲ 서울 시내버스 체계(출처: 서울시청)

는 이 서울 안에서 다닙니다. 하지만 바로 연결된 경기도도 번호
가 같아서 경기도까지 버스가 가도 번호에는 영향을 주지 않습
니다.

👩 **엄마**: 경환아, 숫자랑 지도를 보면 어떤 규칙이 보이니?

🧒 **경환**: 일, 이, 삼, 사, 오, 육, 칠, 영. 1에서 시계방향으로 돌아가요. 한가
운데가 0이고요. 그런데 가운데 선은 뭐예요?

😊 **엄마**: 경환아, 제대로 봤어. 가운데 선은 한강이야. 그럼 다른 질문을 할게. 우리 집은 용산구야. 그렇다면 몇 번일까?

😀 **경환**: 0번이에요.

😊 **엄마**: 맞아. 하나만 더 물어볼게. 어떤 버스가 은평구에서 출발해서 동작구에 도착한대. 그러면 앞에 두 숫자는 뭘까?

😀 **경환**: (경환이의 손가락이 부산스럽게 움직이더니 5에서 멈췄습니다.) 7하고 5!

😊 **엄마**: 이번엔 정근이한테 물어볼 거야. 어떤 버스가 1에서 출발했대. 그 버스가 2번으로 갔다가 0번에 도착했대. 그렇다면 버스의 앞번호 2개는 무엇일까?

😀 **정근**: 음, 왜 갑자기 세 군데를 가지. 1번 2번? 아, 모르겠어요.

😊 **엄마**: 자, 어려운 거 아니야. 규칙은 간단해. 출발과 도착만 보면 되는 거야. 중간에 어디에 들렀는지는 중요하지 않아.

😀 **정근**: 알았다! 1번 0번, 엄마가 0에 도착했다고 했어요.

이제 아이들은 파란색 버스의 규칙을 이해했습니다. 경환이가 말합니다. "엄마, 그러면 우리가 어제 탄 버스는 501번이니까 5번에서 출발해서 0번에 도착하는 거네요? 150번은 1번에서 출발해서 5번에 도착하는 거고요. 숫자는 1, 5, 0으로 같은데 노선은 완전히 다르네요. 버스 번호 규칙 너무 재미있어요. 우리 다음

주에는 이거 가지고 가 봐요. 숙대입구역에서 확인해 보고 싶어요." 경환이는 운동을 좋아해서 그런지 몸으로 뛰면서 활동할 때 훨씬 적극적으로 의견을 이야기합니다. 왠지 버스 여행이 거듭될수록 재미가 늘어날 것 같은 느낌이 듭니다.

규칙을 알면 보이는 더 큰 세상

다음 주 수요일이 되었습니다. 아이들은 이제는 아는 길이라고 숙대입구역 버스정류장을 향해서 씩씩하게 걸어갑니다. 한 손에는 손바닥만 한 서울 지도를 들고요. 목적지는 똑같이 종로2가 정류장입니다. 버스정류장에 도착하자 아이들은 버스 번호를 보면서 흥분했습니다.

"엄마, 100번은 1번에서 출발해서 0번에 도착하는 거죠?" 정근이는 지도와 번호를 번갈아 보며 말합니다. "그런데 경환이는 뭘 그렇게 보고 있어?" "엄마, 보세요. 150번, 151번, 152번은 출발지랑 도착지가 같아요. 1번 도봉, 강북, 성북, 노원에서 출발해서 5번 동작, 관악, 금천에 도착하는 버스들이에요. 그러니까 중간에 우리 동네를 지나가는 거예요. 162번은 1번에서 6번으로 가면서 우리 동네를 지나고, 742번도 7번에서 4번 가는 길에 우리 동네를 지나요. 우리 동네는 가운데에 있어서 지나가는 버스가 많나 봐요." 경환이는 초등학교 3학년이라고 벌써 다른 버스들 사이의 공통점도 찾아보네요. "엄마, 연두색 버스도 있고 빨간색 버스도 있는데 그건 지도에 나오거든요. 그런데 N15, N75는 뭐예요?" "그건 밤에만 다니는 버스야." "와, 진짜 종류가 많네요. 우리 다음에는 더 멀리 가봐요."

초등학교 5학년 수학에서 약수, 배수를 배우고, 중학교 1학년 수학에서 소인수분해를 배웁니다. 고등학생이 되면 수열을 배우고요. 수의 성질을 알아야 이해할 수 있는 단원들입니다. 수의 성질을 알려면 어릴 때부터 수와 친해져야 합니다. 수와 친해진다는 것은 수 감각이 생긴다는 뜻입니다.

스탠퍼드대학교 교수인 조 볼러의 《수학 머리는 어떻게 만들어지는가》에 따르면 수 감각의 기초는 수를 가지고 놀고, 규칙을 탐구하고, 수학적 방식으로 접근하도록 유도하는 데에서 시작된다고 합니다. '버스 번호의 비밀 찾기'는 적절한 과제였습니다.

포켓몬으로
수학 공부하기

수학머리 생각도구	추천 연령	수학 놀이터
분류하기	6~10세	동네

어릴 때는 좋아하는 만화나 캐릭터들이 계속 바뀝니다. 저희 아이들은 3살 이전엔 둘 다 뽀로로였죠. 둘째는 6살 때부터 포켓몬을 좋아했던 기억이 생생합니다. 둘째의 포켓몬 역사는 6살부터 10살까지 최소 5년간 진행되었습니다. 처음에 뮤츠(포켓몬 캐릭터)를 그려달라고 했을 때는 '이 정도야 껌이지' 하고 그렸습니다. 겁도 없이 A4용지에 큼지막하게 그려줬습니다. 그런데 또 다른 캐릭터 아르세우스를 그려달라고 했을 때 감이 왔습니다. '이거 길어지겠는걸.' 앞으로 얼마나 많은 포켓몬을 그려야 아이가 포켓

몬을 졸업할 수 있을지, 방법을 찾아야겠다고 결심했습니다. 급히 A4용지를 8등분했습니다. "정근아, 엄마가 미처 생각하지 못했는데, 포켓몬 카드 크기로 그려야 하는 거 아니야? 그래야 비슷하지."

포켓몬의 정체를 찾아서

어느 날 둘째가 어린이집에 다녀오면서 카드를 한 뭉치 들고 왔습니다. "엄마, 이거 봐요. 포켓몬 카드에요. 여기 숫자 보여요? 숫자가 큰 게 좋은 거예요." "그런데 이 반짝반짝한 건 뭐야?" "그건 특별한 거예요. 나머지는 똥 카드고요. 애들이 그랬어요." 말하는 걸 들어보니 카드에 레벨이 있는 것 같은데 아직 잘 모르는 것 같습니다. 지금은 엄마에게 카드를 그려달라고 하지만 조만간 카드를 사 달라고 할 날이 얼마 안 남았음을 본능적으로 알 수 있었죠. 결국 사야 하는 거면 포켓몬으로 배울 거리를 찾아야겠다 싶었습니다.

"경환아, 정근이가 요새 포켓몬 카드에 관심이 많네. 이런 거 본 적 있어?" 애들 관련된 건 애들에게 물어보는 게 제일 빠르잖아요. 경환이에게 포켓몬 카드를 보여줬습니다. "리자몽이네요."

"너도 이런 거 알아?" "엄마, 우리 집에《알기 쉬운 포켓몬 전국도감》도 있잖아요." 큰애는 방에 들어가더니 너덜너덜하게 해진 책을 들고 왔습니다. 저도 모르는 포켓몬 도감이 언제부터 우리 집에 있었을까요?

저는 책의 두께와 목차를 보고 깜짝 놀랐습니다. 각 카드에는 타입, 고유번호, 등급, 기본, 1진화, 2진화, 에너지 같은 표시가 있고, 세대별로도 구분되어 있습니다. "엄마, 그걸로 게임도 해요." 경환이가 전국도감을 보여주며 말했습니다. "경환아, 엄마 포켓몬 카드 게임하는 거 알려줄 수 있어? 엄마가 좀 알아야 정근이랑 이야기할 수 있을 것 같아서." 오랜만에 학구열이 불타올랐습니다.

포켓몬 도감에 숨겨진 수학

큰애가 준《알기 쉬운 포켓몬 전국도감》을 보니 포켓몬의 역사가 매우 오래되었더라고요. 도감은 일종의 사전입니다. 지역별, 타입별로 찾아볼 수 있고, 타입별 포켓몬 기술과 각 포켓몬의 특성도 일목요연하게 정리되어 있습니다. 분류와 분석, 시간의 경과에 따른 포켓몬의 진화까지, 이렇게 수학적으로 배치된 책이 있을까 싶습니다. 포켓몬 카드 게임을 하려면 웬만한 특징들은 알고 있어야 하니 기억력에도 도움이 될 것 같았습니다. 포켓몬의 역사와 방대한 양, 확장성도 마음에 들었고요.

아이가 커 가면서 놀이의 종류는 더 다양해집니다. 유치원 때는 기껏해야 카드를 모으고 카드를 따는 정도지만, 크면서 게임 팩으로 게임할 수도 있고, 온라인 전략게임을 하기도 하죠. 사이즈가 큰 게임은 캐릭터별로 서사가 있습니다. 이왕 할 게임이면 단순한 게임보다 서사가 있는 게임을 하는 게 전략적 사고를 하는 데 도움이 됩니다. 그리고 이런 제 생각은 빗나가지 않았습니다. 수년 후 포켓몬 GO 게임이 광풍을 일으켰으니까요.

> 👩 **엄마**: 정근아, 무턱대고 카드를 사는 것보다 먼저 도감을 보면서 포켓몬 캐릭터와 친해지는 게 좋을 것 같지 않아? 이 책 한번 봐봐. 형이 옛날에 보던 거래.
>
> 👦 **정근**: 와, 포켓몬이 이렇게 많아요?
>
> 👩 **엄마**: 정근이가 가지고 있는 카드도 여기에 있나 볼까? 아직 한글이 능숙하지 않아서 도감을 보기 힘들 수도 있는데 번호를 알면 포켓몬 찾기는 어렵지 않을 것 같아.
>
> 👦 **정근**: 엄마, 저 한글 잘 읽거든요? 간판도 다 읽고, 책도 읽을 수 있어요. 이 도감 내가 다 외울 거예요.

둘째는 승부욕 있는 스타일이라 제 말에 자극받았습니다. 표지도 다 찢어져 너덜너덜한 《알기 쉬운 포켓몬 전국도감》을 펼쳐 보며 신나 했습니다. 저도 당분간은 듣고 대답만 잘하면 편하게 아이의 능력치를 업그레이드시킬 수 있을 것 같아 기분이 매우 좋았습니다.

이날부터 둘째의 포켓몬 공부는 더 깊어졌습니다. 그만큼 카드도 많이 샀지요. 동대문 창신동 문구 도매 상가까지 가서 카드를 사기도 했고, 7살 크리스마스에는 산타할아버지에게 포켓몬 카드를 선물 받았지만, 랜덤이라 원하는 카드 얻기는 하늘의 별 따기였습니다. 늘어나는 카드 때문에 포켓몬 전용 캐리어까지 사 달라고 했습니다. "집에 있는 보관함은 그렇다 쳐도 캐리어까지 들고 다니는 건 좀 아니라고 본다." 엄마의 따끔한 말에 둘째는 카드 뭉치를 다른 방식으로 들고 다니기 시작했습니다. 에너지, 타입, 특성별로 몇 개씩 묶어서 자기만의 기준으로 이름 붙였습니다. 예를 들면 소찬이용, 승채용, 하율이용 이렇게 친구 이름을 붙여서요.

"정근아, 승채용, 하율이용, 소찬이용 이렇게 이름을 달리 붙인 이유가 있는 거야?" "친구들이랑 게임을 하다 보면 애들이 가지고 있는 포켓몬 카드가 다 달라요. 잘 쓰는 기술도 다르고요. 그래서 소찬이랑 할 때 들고 다닐 거, 승채랑 할 때 들고 다닐 거,

하율이랑 할 때 들고 다닐 거로 나눈 거예요. 다 같이할 때는 세 뭉치를 다 가져가고요." 그러더니 보관함 한편에 단어 카드 뭉치를 보여줍니다. "이거 보세요. 제 전용 도감이에요. 전국도감은 무겁기도 하고 새로 나오는 건 없어서 제가 직접 만들었어요. 링으로 묶었다가 필요하면 넣고 빼면 돼서 책으로 된 것보다 찾아보기도 편해요. 멋지죠." 도감을 줄 때가 6살이었던 것 같은데, 4년 새에 아주 컸습니다.

반평생을 바쳐 얻은 기술

무질서 속에서 일정한 규칙이 있다는 걸 깨닫게 되면 무슨 일이 일어날지 예측할 수 있게 됩니다. 예를 들어 우리가 외국에 나가서 언어를 배운다는 건 그 나라의 문화적 규칙을 배운다는 걸 의미합니다.

규칙은 만들어지기도 합니다. 퓨전 음식, 퓨전 음악처럼 다른 문화 양식이 섞여서 새로운 형태가 되기도 하지요. 규칙을 찾고 자기만의 규칙을 만들어내는 것이 어려워 보이지만 아이도 해냈습니다. 아이가 처음에 포켓몬에 관심을 가졌을 때 저는 이렇게까지 거창한 계획이 있었던 것은 아닙니다. 다만 쉽게 싫증 낼만

한 가벼운 게임보다 무게가 있기를 바랐습니다. 여기서 중요한 것은 시간입니다. 오랜 시간 포켓몬과 함께하면서 자기가 가지고 있는 포켓몬 카드를 새로운 관점으로 바라보기 시작했고, 카드 게임을 하면서 승패가 갈리는 원인을 찾았을 테고, 한정된 자원 안에서 승률을 높이기 위해 고민하다가 자기만의 포켓몬 카드 분류 규칙을 찾아내게 된 것이죠.

아이의 행동을 너무 거창하게 해석한다고 하는 사람도 있겠지만, 저는 아이가 살아온 세월(10살) 중 반평생에 걸친 작업이었다는 게 기특했고, 그 사실을 아이도 알아야 한다고 생각했습니다. 그래서 말해 주었습니다. "정근아, 엄마는 너를 존경한다. 너는 포켓몬 카드 게임을 통해서 게임의 승패를 가르는 원인을 알았고, 어떻게 하면 승률을 높일 수 있을지 방법을 찾아냈지. 모든 친구가 포켓몬 카드 게임을 하면서 다 이렇게 할 수는 없을 거야. 앞으로 뭔가 새로운 걸 배우거나 익힐 때 네가 4년간 쌓은 이 기술을 꼭 써먹기를 바라." 정근이는 어리둥절해했습니다. 왜 그러지 싶겠지만 기억 한쪽에 엄마의 인정이 남아있을 거라 확신합니다.

도서관 분류법으로
체계적으로 생각하기

수학머리 생각도구	추천 연령	수학 놀이터
분류하기	8~11세	도서관

2014년 아이를 위해 본격적인 엄마 공부에 뛰어들었습니다. 시중에 나와 있는 관련 책들을 읽었습니다. 그중 작가 이현이 쓴 《기적의 도서관 학습법》으로 아이 독서 활동에 많은 도움을 받았습니다. 책을 읽고 하나만 얻어도 성공이라는데, 전 이 책에서 두 가지(도서관 분류기호와 키워드 검색 활용법)나 남겼습니다.

도서관 분류기호는 십진분류법에 근거합니다. 십진분류의 대분류에서 000은 총류, 100은 철학, 200은 종교, 300은 사회과학, 400은 순수과학, 500은 기술과학, 600은 예술, 700은 언어, 800

은 문학, 900은 역사입니다. 그리고 010 도서학, 020 문헌정보학 030 백과사전처럼 대분류 아래에 있는 번호는 십진분류의 소분류입니다.

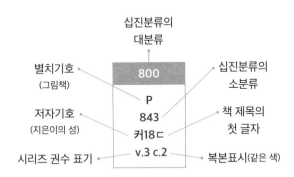

000 총류	100 철학	200 종교
010 도서관, 서지학	110 형이상학	210 비교종교
020 문헌정보학	120 인식론, 인과론,	220 불교
030 백과사전	인간학	230 기독교
040 강연집, 수필집,	130 철학의 체계	240 도교
연설문집	140 경학	250 천도교
050 일반 연속간행물	150 아시아철학, 사상	260 신도
060 일반학회, 단체,	160 서양철학	270 파라문교, 인도교
협회, 기관	170 논리학	280 회교(이슬람교)
070 신문, 언론, 저널리즘	180 심리학	290 기타 제종교
080 일반전집, 총서	190 윤리학, 도덕철학	
090 향토자료		

300 사회과학	400 자연과학	500 기술과학
310 통계학	410 수학	510 의학
320 경제학	420 물리학	520 농업, 농학
330 사회학, 사회문제	430 화학	530 공학, 공학일반
340 정치학	440 천문학	540 건축공학
350 행정학	450 지학	550 기계공학
360 법학	460 광물학	560 전기공학, 전자공학
370 교육학	470 생명과학	570 화학공학
380 풍속, 민속학	480 식물학	580 제조업
390 국방, 군사학	490 동물학	590 가정학 및 가정생활

600 예술	700 언어	800 문학	900 역사
610 건축술	710 한국어	810 한국문학	910 아시아
620 조각	720 중국어	820 중국문학	(아세아)
630 공예,	730 일본어	830 일본문학	920 유럽(구라파)
장식미술	740 영어	840 영미문학	930 아프리카
640 서예	750 독일어	850 독일문학	940 북아메리카
650 회화, 도화	760 프랑스어	860 프랑스문학	(북미)
660 사진술	770 스페인어	870 스페인문학	950 남아메리카
670 음악	780 이탈리아어	880 이탈리아문학	(남미)
680 연극	790 기타제어	890 기타 제문학	960 오세아니아
690 오락, 운동			(대양주)
			970 양극지방
			980 지리
			990 전기

도서관 분류법에 따른 청구기호는 책의 주소와 같습니다. 어느 서가에 꽂히는지 결정하는 것이지요. 아이들이 청구기호를 볼 줄 알면 머릿속에 분류 체계가 생깁니다. 도서관을 다닌 지 처

음 2~3년은 대분류 체계만 보면 됩니다. 아이는 자기가 자주 보는 책이 800인지, 900인지만 알아도 자기가 무엇에 관심 있는지 알게 됩니다. 부모도 아이가 말하지 않아도 '아, 우리 아이는 문학 작품을 좋아하는구나' '우리 아이는 희한하게 역사책만 보네' 등 아이의 관심 분야를 자연스럽게 알 수 있죠. 그러면 '어떻게 하면 다른 책들도 골고루 보게 할까? 오늘은 700번대 책을 한 번 권해볼까?' 등 독서 교육을 하는 데 많은 도움이 됩니다.

이럴 때 해보면 좋은 방법이 키워드 검색 활용법입니다. 예를 들어 도서관 키워드 검색창에 '사과' 또는 '애플'이라는 단어를 검색하면 여러 책이 나옵니다. 독 사과를 먹었던 《백설 공주》, 애플의 창업주 《스티브 잡스》, 황금사과 때문에 일어난 그리스와 트로이의 전쟁 이야기 《트로이의 목마》, 사과가 떨어진 것을 보고 만유인력의 법칙을 알아낸 뉴턴과 관련된 책 등 키워드는 하나지만 책은 200, 400, 600, 800 등 여러 분야에서 골고루 찾아볼 수 있습니다.

숫자 따라 도서관 산책하기

자, 이제는 이런 정보를 알고 그냥 넘어갈 제가 아니죠. 경환이와 바로 실습에 돌입합니다. "경환아, 엄마가 오늘 재미있는 책을 읽었어. 우리가 도서관을 자주 가는데 도서관을 제대로 활용하는 법을 몰랐던 것 같아. 내일 도서관에 가서 알려줄게." 다음 날 우리는 청파도서관에 갔습니다. 청파도서관 입구에 들어가면 왼쪽 벽에 도서관 십진분류법 포스터가 붙어있습니다.

> 👩 **엄마**: 경환아, 벽에 붙은 포스터를 봐봐. 청파도서관에 4만 권이 넘는 책이 있는데, 모든 책에는 자기 자리가 있어. 0으로 시작하면 000, 1로 시작하면 100, 2로 시작하면 200 이렇게 해서 900까지 있다. 000은 무슨 색이지?
>
> 🧒 **경환**: 빨간색이요.
>
> 👩 **엄마**: 이건 청파도서관에 방이 10개 있다고 생각하면 돼. 첫 번째 방은 빨간색 방이고 번호가 0으로 시작하는 거야. 엄마랑 서가를 천천히 걸어볼까? 오른쪽 첫 번째 서가가 첫 번째 방이네. 서가 옆에 빨간색 띠가 있지? 다음 서가는 무슨 색이지?
>
> 🧒 **경환**: 노란색이요. 100으로 시작해요. 제가 좋아하는 책은 000이나 100에는 없네요.
>
> 👩 **엄마**: 그럼 경환이가 좋아하는 책은 몇 번인지 찾아보자.

경환이는 서가를 하나씩 꼼꼼하게 돌아보더니 가운데 둥그스

름한 서가에 멈췄습니다.

> 👦 **경환**: 엄마, 여기요. 분홍색 800번.

> 👩 **엄마**: 여기는 무슨 책들이 있어?

> 👦 **경환**: '문학'이라고 적혀있어요. 그런데 문학이 뭐예요?

> 👩 **엄마**: 경환이가 좋아하는 동화책이나 그림책같이 이야기책을 문학이라고 해. 좋아하는 작가가 누가 있지?

> 👦 **경환**: (손가락을 접으면서 한 명씩 이름을 말합니다.) 앤서니 브라운, 존 버닝햄, 기무라 유이치, 안데르센, 백희나, 최숙희…

> 👩 **엄마**: 그분들 책이 전부 문학이야.

> 👦 **경환**: 아, 나는 문학을 좋아하는구나.

> 👩 **엄마**: 경환이가 지금은 800번 방에 있는 책들을 좋아하지만, 크면서 다른 방 책들도 보게 될 거야. 앞으로 조금씩 방을 넘어가 보자.

도서관은 정숙해야 하는 장소라 대화는 그 정도에서 끝냈습니다. 도서관 분류법을 유심히 살피며 조용히 눈을 반짝이는 모습을 보니 꽤 흥미가 있어 보입니다. 사실 큰애는 도서관을 썩 좋아하지 않았습니다. 몰라도 물어볼 수 없고, 생각을 나눌 수도 없으니 답답했겠지요. 이제 도서관 분류법을 알게 되어 궁금한 것들을 얼추 해결할 수 있으니 답답함이 조금은 해소됐겠죠?

한번은 경복궁에 다녀왔을 때 일입니다. 그날은 해설사 선생님을 따라 경복궁 이곳저곳에 대한 설명을 들었습니다. 그리고 돌아오는 길에 청파도서관에 들르기로 했죠. "경환아, 경복궁에서 들은 이야기 중에 뭐가 기억에 남아?" "전 정조가 개혁하는 데 왜 목숨을 걸어야 했는지 이해가 안 가요. 왕인데 하고 싶은 대로 하면 되는 거 아니에요?" 규장각과 정조의 개혁정치에 대한 이야기가 흥미로웠나 봅니다. "그러게. 왜 그랬을까? 정조가 왜 그랬는지 도서관에 왔으니 찾아볼까? 어떤 방으로 가야 되지?" 경환이는 가만히 서서 도서관 왼쪽 벽에 붙은 십진분류법 포스터를 봅니다. "정조는 실존 인물이니까 일단 800은 아니에요. 그리고 신도 아니니까 200도 아니고, 600, 700도 아닌데, 그럼 900인가? 엄마, 990 전기가 뭐예요?" "전기는 찌릿찌릿한 전기가 아니고, '전할 전傳 기록할 기記' 한 사람이 평생 살아온 과정을 기록한 책을 말해. 위대했던 사람들의 이야기라 할 수 있지." "그럼 900이요."

키워드 따라 도서관 탐색하기

경환이는 900에서 정조에 관한 책을 찾았는데 마땅히 마음에 드는 책이 없었습니다. 이럴 때는 키워드 검색 활용법이 필요합니다. 경환이와 함께 도서관 검색대를 찾아 '정조'를 치니 두 페이지가 나옵니다. "와, 엄마 이거 봐요. 전부 정조가 들어간 책이에요. 이렇게 많아요? 나는 몇 권 못 봤는데." "그럼 일단 여기서 읽어보고 싶은 책을 골라서 위치 출력을 해보자." "《정조와 함께 가는 8일간의 화성행차》랑《정조와 화성행차: 사람 사는 세상을 꿈꾼 임금》이거요."

C 911.058-황67ㅎ/C 911-역52ㅎ-v. 44

위치를 출력하면 위와 같이 나옵니다. 여기서 C는 Children 어린이라는 뜻이고, 911은 900번 방의 910번대인 아시아를 말합니다(전기가 아니라 아시아 역사로 분류되어 있네요). 뒤에 내용은 해당 서가에서 하나씩 따라가면서 찾으면 됩니다. 경환이는 검색한 책이 있는 곳을 찾으려고 서가를 돌았습니다. 어린이책은 가운데에 모여 있었고, 000부터 900 앞에 C라고 쓰여 있었습니다. 경환이는 책을 꺼내서 몇 장 읽어보더니《정조와 화성행차: 사람 사는 세상을 꿈꾼 임금》을 빌려 가겠다고 했습니다.

도서관을 나서며 경환이가 말했습니다. "엄마, 도서관 분류법하고 키워드 검색은 완전히 마법 같아요. 너무 재미있어요." "그래, 책을 찾는 데만 쓰이는 게 아니고 앞으로 네가 어떤 정보를 찾거나 공부할 때도 도움이 될 거야." 그날 이후 우리는 참새가 방앗간 드나들 듯 청파도서관을 드나들었습니다. 도서관을 갈 때마다 바로 검색하고 싶은 유혹을 참고, 몇 번 대에 있는지 예측하는 놀이를 했죠. 예측의 결과가 딱 맞아떨어진 날은 기쁨의 축배를 들었습니다. 집에 가는 길에 아이스크림을 사 먹으면서 말이지요.

분류와 규칙성은 수학의 가장 기초입니다. 같은 것끼리 모으고, 배열된 사물들의 규칙을 찾는 건 어린아이도 할 수 있습니다. 학년이 올라가면 더 체계적으로 분류를 하게 됩니다. 예를 들어 필기구, 샤프, 볼펜, 연필이 있다고 하면 필기구는 샤프나 볼펜, 연필을 포함하고, 샤프, 볼펜, 연필은 필기구에 포함되는 관계가 성립됩니다. 즉 필기구가 상위 개념이 되고, 나머지는 하위 개념이 되는 것입니다.

수학에서는 도형으로 예를 들면 이해가 쉽습니다. 우선 정사각형이 있습니다. 정사각형은 네 변의 길이가 모두 같고 네 각이 모두 직각인 사각형입니다. 직사각형도 있습니다. 직사각형은 네 각이 직각이지만 네 변이 다 같지 않아도 됩니다. 사각형도 있습니다. 사각형은 각의 크기도 변의 길이도 상관없이 네 변과 네 각만 있으면 됩니다. 사각형이 직사각형을 포함하고, 직사각형이 정사각형을 포함합니다.

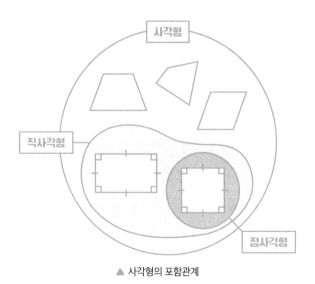

▲ 사각형의 포함관계

　이러한 포함관계 덕분에 지식을 체계화할 수 있습니다. 체계화된 지식을 책의 형태로 모아놓은 곳이 바로 도서관입니다. 아이들과 도서관에 가서 단순히 책만 읽지 말고 지식을 분류하고 찾아내는 놀이도 함께해보면 어떨까요?

전래동화 읽고 대화하며
핵심 파악하기

수학머리 생각도구	추천 연령	수학 놀이터
단순하게 표현하기	7~8세	집

큰아이가 초등학교에 들어가고 얼마 지나지 않아 아이가 선생님 말씀을 잘 못 따라가고 있다는 걸 알았습니다. 키가 작다 보니 발표회 같은 걸 하면 제일 가운데 서서 해야 할 일이 많았는데, 그러면서 자연스럽게 반장 노릇을 하게 되었던 것 같아요. 선생님은 아이를 불러 전달 사항을 이야기하곤 했습니다. 평소에 부모와 자녀가 대화할 때는 일방적으로 전달하지는 않지요. 짧은 말 위주로 티키타카가 이루어지기 때문에 굳이 완전한 문장으로 말하지 않을 때도 많고요. 그런 대화에 익숙하다 보니 전달 사항이

많을 때는 기억을 못 하고, 이를 아이들에게 전달할 때도 두서가 없어 미흡했던 거예요.

아이에게 육하원칙에 대해 가르쳐야겠다고 마음먹었지만, 마땅한 소재가 없었습니다. 어린아이를 데리고 신문 사설을 읽을 수도 없고, 아이들이 읽을 만한 동화책은 그림이 너무 많은 정보를 주고 있어서 단기간에 효과를 볼 수 없었고요. 그러던 어느 날 초등학교 1학년 국어 교과서를 보다가 콩쥐팥쥐 이야기를 보며 '바로 이거다!' 싶었죠. 전래동화는 이야기 구조를 파악하기가 좋아요. 짧고, 뻔하고, 선악이 분명하고, 등장인물이 적고, 사건이 명확하고, 전문 성우가 들려주는 오디오 동화로도 구하기 쉬워서 기초적인 분석적 사고를 연습하기에 이만한 게 없다고 생각했습니다.

전래동화를 읽는 2단계 방법

이야기 구조를 파악하려면 우선 글을 읽는 방법을 단계별로 해보면 좋습니다. 전래동화 《해와 달이 된 오누이》를 예로 들어보겠습니다. 1단계는 귀로 듣기입니다. 학교 가기 전 10분 정도 짬을 내서 한 번 듣습니다. 아침에 10분이면 충분합니다. 영상으로 보여줘도 되지만, 처음 전래동화를 들려줄 때 영상 없이 소리만 들려주길 권합니다. 그래야 정보를 파악할 때 오로지 소리 정보에만 집중할 수 있기 때문이죠. 일종의 듣기 훈련인 셈이에요. 잘 듣고 나면 아이가 잘 파악했는지 질문합니다. 제가 주로 물어보는 건 정해져 있습니다.

> 👩 **엄마**: (등장인물 묻기) 누구누구 나와?
>
> 👶 **경환**: 오빠랑 여동생, 엄마, 호랑이요.
>
> 👩 **엄마**: (사건 질문하기) 무슨 일이 있었어?
>
> 👶 **경환**: 오빠랑 동생이 집을 보고 있는데 호랑이가 엄마 흉내 내면서 잡아먹으려고 했어요.
>
> 👩 **엄마**: 또 다른 일은 없었어?
>
> 👶 **경환**: 호랑이가 참기름을 바르고 나무를 타다가 떨어져서 죽었어요. 오누이는 동아줄을 타고 하늘로 올라갔어요.
>
> 👩 **엄마**: 오누이는 어떻게 됐어?
>
> 👶 **경환**: 오빠는 달이 되고, 동생은 해가 됐어요.
>
> 👩 **엄마**: 좋아. 그럼 지금 말한 것들을 전부 이어서 정리해 볼래?
>
> 👶 **경환**: 《해와 달이 된 오누이》에는 오빠랑 여동생, 엄마, 호랑이가 나와요. 엄마가 떡을 팔러 간 사이 오빠랑 동생이 집을 보고 있는데 호랑이가 엄마 흉내를 내면서 오누이를 잡아먹으려고 했어

요. 그러자 오빠가 동생을 데리고 나무 위로 올라갔고, 호랑이는 참기름을 바르고 나무를 타다가 떨어져서 죽었어요. 오누이는 동아줄을 타고 하늘로 올라가서 오빠는 달이 되고, 동생은 해가 됐어요.

이야기의 구조를 파악할 때는 등장인물과 사건 위주로 이야기의 뼈대를 만들어 보는 게 중요합니다. 이야기를 들으면서 등장인물과 사건을 파악하고 다시 연결해서 문장으로 만들어 보는 연습은 기초적인 요약 연습에 해당합니다. 귀로 듣고 말로 해봐야 나중에 읽은 내용을 글로 요약하는 연습으로 확장할 수 있어요.

아이들이 책을 읽어야 한다고 강조하는 사람들이 있습니다. 막상 책을 읽어도 아이의 독서력이 향상되는지 모르겠다는 사람도 있습니다. 그 이유는 책을 읽으면서 저자의 의도를 파악하고, 그에 대해 비판적으로 생각하는 훈련이 안 되어 있기 때문입니다. 아이가 어릴 때는 글로 연습하기 전에 말로 연습해 볼 수 있습니다. 말은 글보다 바로 확인할 수 있으니 집에서 훈련하기도 수월합니다. 게다가 '전래동화를 듣고 요약해 보기'는 여러 가지 효과를 볼 수 있는 활동입니다. 분석적 사고 훈련은 물론, 기억력 신장에도 도움이 되고, 잘 듣고 말하는 훈련에도 도움이 됩니다.

제가 전문 성우의 오디오북을 추천하는 이유는 발음과 띄어 읽기에도 도움이 되기 때문입니다.

　2단계는 인상 깊은 장면 그리기입니다. 모든 전래동화를 그려보게 할 필요는 없습니다. 여러 동화를 듣다 보면 유독 아이가 자꾸 꺼내는 이야기가 있습니다. 우리 아이는《흥부놀부》와《콩쥐팥쥐》가 그랬습니다. "엄마,《흥부놀부》는 말이 안 돼요. 어떻게 주걱으로 맞았는데 볼에 밥풀이 묻을 수가 있어요? 박을 탔는데 거기서 도깨비가 나온다니 말이 돼요?" "네 말이 맞아. 그런데 네 말대로면 우리가 판타지를 왜 읽니?《해리포터와 마법사의 돌》을 보면 '9와 4분의 3 승강장'이 나오는데 그런 승강장은 없잖아. 전래동화는 일종의 판타지야." 이런 이야기를 나눌 때도 있었습니다. "팥쥐 엄마는 너무 나빠요. 콩쥐한테 밑 빠진 독에 물을 부으라고 하다니, 반칙이잖아요." "진짜 어른이 할 행동은 아니네. 동화 속 인물이지만 진짜 못 됐다." 이런 이야기들이 여러 번 오고 가면 그림을 그릴 준비는 충분히 된 것입니다. 그림을 그린다는 것은 이야기 속의 한순간을 포착해서 종이에 옮긴다는 걸 의미합니다. 책에 나온 삽화를 단순히 따라 그리는 것과는 다릅니다. 어떤 순간을 그릴지 아이의 생각이 중요한 것이지요. 아이들은 그림으로 자기 생각을 표현합니다.

묘사가 가득한 옛이야기

전래동화를 읽을 무렵, 비슷한 종류의 이솝우화, 그림형제의 독일 민담집, 샤를 페로의 프랑스 민담집 같은 이야기를 함께 읽곤 했어요. 이렇게 구전되어 오는 이야기는 나라를 떠나서 비슷한 구조를 가지는 경우가 많은데, 이런 책을 읽다가 전형적인 결말에 순응하는 아이가 될까 봐 걱정하는 부모님들도 있습니다.

"엄마, 진짜 신기해요. 《콩쥐팥쥐》에서는 팥쥐 엄마가 그렇게 콩쥐를 괴롭히잖아요. 그런데 《신데렐라》에서도 계모랑 언니들이 신데렐라에게 못되게 굴어요. 우리나라하고 외국하고 서로 몰랐을 텐데 어떻게 이야기가 비슷할까요?" 사실 이런 질문을 한다고 그때그때 엄마가 다 대답해 줄 수는 없습니다. "그러게. 네 말이 맞네. 엄마는 네가 그런 공통점을 찾은 게 더 신기한데? 왠지 너처럼 궁금해하는 학자들이 있었을 것 같으니 나중에 찾아보자." 이렇게 비교 대상을 두는 것도 전래동화를 비판적으로 보는 데 도움이 됩니다.

또 다른 방법으로는 전래동화 말고 판소리하듯 박진감 있게 옛날이야기를 읽어줘도 좋습니다. 서정오 선생님의 《옛이야기 보따리》 전집이 있습니다. 저는 전집을 거의 사지 않지만, 이 책은 전집으로 샀습니다. 판소리를 한 대목 하는 기분이 들 정도로 재미난 책입니다. 그중 《호랑이 뱃속 구경》은 짧은 전래동화와 달리 자세한 묘사가 일품이지요. 소금 장수가 호랑이한테 잡아먹히기 전에 호랑이 목에 매어둔 줄을 잡아당겨 밖에 있던 호랑이 모가지가 자신의 목구멍으로 딸려 들어가 뱃속을 통해 똥구멍으로 쑥 빠져나와 결국 호랑이가 홀라당 뒤집어집니다. 덕분에 호랑이 뱃속에 있던 짐승들도 사람들도 다 살아났다는 황당하고 엉뚱한 이야기입니다. 옛이야기이지만 우리가 익히 알고 있는 전래동화와 너무 다르죠? 전래동화의 구조를 바탕으로 그에 덧붙여진 이야기를 분해하는 것은 아이의 분석적 사고력을 키우는 데 좋습니다.

도시탐험대가 되어
공간 감각 키우기

수학머리 생각도구	추천 연령	수학 놀이터
입체적으로 표현하기	10~11세	도시

초등학교 5학년 2학기 직육면체 단원에는 다음과 같은 종류의 응용문제가 있습니다. 왼쪽에 있는 그림을 전개도라 하고, 오른쪽 직육면체 그림을 겨냥도라고 합니다. 겨냥도란 보이는 부분은 실선으로, 보이지 않는 부분은 점선으로 그려 입체로 보이게 조작한 그림입니다. 주사위나 쌓기나무 같은 입체도형을 종이 위에 그리는 것이나 범인의 발자국을 보고 범인의 덩치나 키를 유추해 내는 것처럼 평면과 입체를 넘나드는 사고를 작가이자 교수인 로버트 루트번스타인Robert Root Bernstein은 역사학자 아내

● 직육면체 전개도에 선을 그은 다음, 전개도를 접어서 직육면체를 만들었을 때 직육면체에 그은 선이 어떻게 나타나는지 바르게 그어 보세요.

미셸Michele과 함께 쓴 저서《생각의 탄생》에서 '차원적 사고'라고 말했습니다. 수학에서는 차원적 사고라는 말은 없지만, 입체도형 단원에서 공간 감각 키우기를 목표로 하고 있습니다. 공간 감각의 하위 요인 중에 '정신적 차원 변형'이 있거든요. 이게 차원적 사고와 비슷한 말인데 너무 어렵잖아요. 그래서 여기서는 맥락에 따라 공간 감각 또는 차원적 사고로 이야기하려고 합니다.

차원적 사고가 부족하면 벌어지는 일

젊은 시절 학원에서 일할 때 큰 식당을 운영하는 50살 정도 되어 보이는 어머니가 늦둥이 딸을 데리고 왔습니다. 귀하게 얻은 딸이라 오냐오냐 키워서 그런지 수학을 못 한다고, 5학년인데 벌써 학교 수업이 힘들다고 해서 걱정이라고 했습니다. 테스트를 해보니 연산은 큰 문제가 없었지만, 직육면체의 전개도와 겨냥도 응용문제는 전멸이었고 문장제 문제도 이해하지 못했습니다.

그렇게 그 아이가 학원에 다닌 지 몇 달이 지났을까요? 어느 날 학교 담장 꾸미기 대회에서 자기 그림이 뽑혔다고 자랑하더군요. 그런데 저는 그림을 보고 깜짝 놀랐습니다. 아무리 초등학생이라지만 그림이 너무 평면적이었습니다. 한참이 지나고 《생각의 탄생》을 읽으며 그 아이의 그림이 떠올라 무릎을 '탁' 쳤습니다. '아, 그 아이는 차원적 사고가 부족했던 거구나.' 차원적 사고를 하려면 유추도 할 수 있어야 하고, 보이지 않는 것도 상상해 내야 하고, 그걸 종이 위에 표현할 수 있어야 합니다. 도형 응용문제가 안 되고, 문장제 문제 이해가 힘들었던 것은 이런 사고력 개발이 덜 되었기 때문이고, 그림에서도 드러났던 거지요.

제가 아이를 키울 때 사고력을 키우기 위해 노력했던 이유는 이런 아이들을 많이 봤기 때문입니다. 초등학교 5학년 정도가 되면 아이는 분석적이면서 비판적 사고를 할 준비가 되어 있어야 합니다. 수학 과목의 내용은 학교나 학원의 도움을 받을 수 있지만, 생각하는 훈련은 어릴 때부터 집에서 이루어져야 합니다.

차원적 사고를 찾아서

그렇다면 어떻게 공간 감각을 키울 수 있을까요? 공간 감각이야말로 원리를 가르치기보다 몸소 체험하는 게 좋습니다. 당시 '2017 서울 도시건축비엔날레'가 열렸고, 마침 시민참여 워크숍 중 초등학생 3~5학년을 대상으로 하는 프로그램에 참여할 기회를 얻었습니다. 이름하여 '어린이 도시탐험대!'

프로그램 세션은 3개였습니다. 세션 1은 알파벳, 세션 2는 색깔, 세션 3은 도형으로 경환이는 세션 3에 참여했습니다. 먼저 강의를 듣고, 조별로 도시를 탐험하며 폴라로이드 사진기로 주제에 걸맞은 사진을 찍는 활동이었습니다. 그다음 찍은 사진을 분류해 탐험 중 찾은 2차원 요소를 3차원 도시 구성 요소로 만들어 결과물을 발표하는 식이었습니다. 예를 들어 사진에서 긴 직사각형 요소를 찾으면 건물 외벽으로 표현한다든가 삼각형 요소를 찾으면 지붕을 만드는 것이죠.

경환이는 이틀에 걸쳐 도시 탐험을 했습니다. 이 활동을 통해 경환이가 무엇을 배우고 느꼈는지 궁금했습니다. "경환아, 도시 탐험대를 통해 배우거나 느낀 걸 이야기해 줄래?" "엄마, 저는 가우디를 좋아하잖아요. 그 이유는 건물에 곡선이 많고, 모자이크처럼 타일을 붙여서 면을 울퉁불퉁하게 나타냈기 때문이에요.

그런데 어제 동대문 근처 시장을 돌았는데 찾을 수 있는 평면도형이 거의 다 직사각형이었어요. 심지어 삼각형도 없어요. 직사각형으로 만들 수 있는 건물도 다 네모난 것밖에 없었어요."

옛 마을에서 찾은 도형

어린이 도시탐험대에서는 이틀 동안 동대문 근처를 돌아다녔는데, 경환이는 그 동네 풍경에는 별로 관심이 없었던 것 같습니다. 다행히 동대문 외에 돈의문 박물관 마을, 세운상가도 탐험 지역에 포함되어 있어서 우리는 돈의문 박물관 마을을 가기로 했습니다. "돈의문 박물관 마을에서도 직사각형만 보이나 볼까? 선도 보고 면도 찾아보자. 경환이가 사랑한 건 가우디의 곡선이니까."

돈의문 박물관은 입구부터 레트로 느낌이 물씬 났습니다. 큰애도 둘째도 흥분했지요. "엄마랑 형이랑 짝이고, 아빠랑 정근이랑 짝이야. 우리 양쪽으로 나눠서 찍고 싶은 곳 사진 찍고 여기 카페에서 만나자." 팀별로 돈의문 박물관 지도를 들고 돌아다니기로 했습니다. 폴라로이드 사진기 대신 스마트폰으로 찍고 가족 메신저방에 사진을 공유하기로 했습니다.

돈의문 박물관 마을 안내소 정면에는 작은 광장이 있고 왼쪽

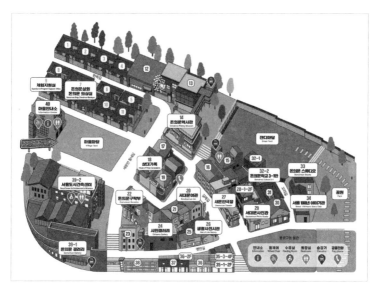

▲ 돈의문 박물관 마을지도 (출처: 돈의문 박물관 마을)

으로는 한옥이 서너 채 줄지어 있습니다.

🧑 **엄마**: 엄마는 직사각형이 아닌 면을 찾은 것 같아. 왼쪽을 봐봐.

👦 **경환**: (한참 동안 왼쪽을 봤습니다.) 찾았다. 지붕 봐요. 저건 무슨 모양이

지? 원기둥? 문고리는 동그란 원 모양을, 처마는 숫자 3을 돌려

놓은 것 같아요.

🧑 **엄마**: 그럼 이번에는 어느 쪽으로 가 볼까?

👦 **경환**: 엄마, 이 지도를 보면 길 모양이 구불구불해요. 길은 네모반듯해

야 하는 거 아니에요?

👩 **엄마**: 걸어보면 알 수 있지 않을까?

우리는 스코필드 기념관 골목으로 이동했습니다. 길이 더 좁아져서 어른 남자 한 명 겨우 지나갈 정도였습니다. 좁은 골목 끝에는 서대문 여관과 새문안 극장이 있습니다.

👦 **경환**: 엄마, 여긴 사람들이 만든 박물관 마을이라서 이렇게 길이 좁은 거죠? 미니어처 마을 같아요.

👩 **엄마**: 우리 동네에도 이렇게 좁은 골목길이 있잖아. 옛날에 서민들이 사는 마을이었을 수도 있어. 돈의문은 서대문의 옛날 이름이고, 돈의문을 지나면 한양으로 들어가는 거니까 도성 밖에 서민들이 살았을 거야. 자자, 우리 뭐하던 중이었지? 주제를 벗어나면 안 되지.

👦 **경환**: 아차, 엄마 이 골목길은 곡선이에요. 엄청 두꺼운 붓으로 그린 곡선이요.

👩 **엄마**: 멋진 표현이네. 갑자기 그림 속에 들어온 기분이 드는걸.

👦 **경환**: 이 골목길은 사진 찍어야겠어요.

이번에는 계단 아래로 내려가 보기로 했습니다. 계단 아래에서 올려다보니 왼쪽에 전시장 같은 건물이 보였습니다. 휘어진 직사각형 같은 벽면이 눈길을 끌었습니다. "엄마, 여기도 직사각형이 아니에요. 2차원(면)이라는 설명을 듣고 나니까 자꾸 면만 찾게 되더라고요. 그래서 직사각형만 보였나 봐요. 만들기 할 때도 우드록으로 자르고 붙이고 하니까 우리나라 건물은 직육면체만 있는가보다 싶어서 좀 실망스러웠거든요. 그런데 면이 아니라 선을 봐야 해요. 여기 와서 보니까 곡선이 많아요. 곡선으로 된 면이 직사각형일 순 없잖아요."

경환이는 건축 수업을 들어서 건물을 주로 봤지만 3차원(입체)에는 건물만 있는 게 아닙니다. 의자, 테이블, 접시, 컵 등 이런 것도 전부 3차원이죠. 시각을 바꾸면 더 다양한 형태의 도형이 눈에 들어올 수 있습니다. 큰애는 이런저런 외부 행사에 많이 참여를 시켰었는데, 그 자체로 얻은 것보다 행사에서 배운 내용을 상기시키면서 엄마랑 대화하며 정리하는 게 더 도움이 되었던 것 같습니다.

아이의 수학적 사고력을 키우기 위해 많은 부모님이 다양한 체험을 찾아봅니다. 모든 걸 엄마가 해주기에는 쉽지 않죠. 특히 '차원적 사고'는 과학, 미술, 건축과 같은 과목과 연계되기 때문에 접근하기 어렵습니다. 그렇다고 아이 혼자 체험하게 두기보다는 저처럼 좋은 프로그램을 찾아 전문 지식도 배우고, 아이와 함께 직접 경험해 보길 추천합니다.

수학 그 자체는 추상적이고 세상과 인연이 없는 것처럼 보이지만, '아, 이게 수학이구나' 하고 눈에 들어오기 시작하면 온 세상이 수학으로 보이게 되는 신기한 일이 벌어진답니다.

4장

세상을 탐구하며
수학적 사고력 굳히기

서로 다른 세상의 **공통점**과 **차이점**을 알고

더 큰 세상을 **탐구**하고 스스로 **평가**하며

내일을 위한 씨앗 심기

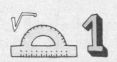

두 작가 비교하며
분석력 기르기

수학머리 생각도구	추천 연령	수학 놀이터
공통점과 차이점 찾기	6~10세	도서관

경환이의 초등학교 2학년 겨울방학이었습니다. 방학 숙제 중 '도서관 가기'가 있어서 자주 다니던 청파도서관을 찾았습니다. 이 도서관에는 유아실이 따로 있는데, 정근이가 어렸을 때라 소리 내서 책을 읽어줘야 했기에 우리는 선택의 여지 없이 유아실을 자주 갔습니다. 유아실이지만 초등학생이 보면 좋은 그림책들도 많습니다.

방학 숙제라 들른 도서관이지만, 이왕이면 좀 특별한 걸 해봐야겠다는 생각이 들었습니다. '책 읽어주기'는 잠자리에서도 기차를 타거나 지하철을 탈 때도 할 수 있으니까요. 오로지 도서관에서만 할 수 있는 것, 유아와 초등학생이 같이 할 수 있는 것, 그러면서 엄마가 힘이 덜 드는 것, 이 세 가지 원칙에 맞으면서 우리 집 책 읽기 문화와 밀접하게 연관 있는 걸 하고 싶었습니다.

당시 둘째는 아직 책을 읽을 줄 몰랐지만 듣고 암송하는 건 잘했습니다. 큰애는 책을 읽어주는 걸 좋아했고 도서관 분류기호 찾기를 좋아했지요. 전래동화를 많이 알고 있었고, 팟빵을 많이 들어서 《지각대장 존》의 존 버닝햄, 《앤서니 브라운의 마술 연필》의 앤서니 브라운, 《폭풍우 치는 밤에》의 기무라 유이치, 《고 녀석 맛있겠다》의 미야니시 타츠야의 책들을 알고 있었어요. 유아실은 신발을 벗고 들어갈 수 있었고, 낮 12시 전에는 거의 우리밖에 없었습니다. 이 모든 걸 종합했을 때 꽤 역동적인 활동도 가능할 것 같았습니다.

"애들아, 여기 네 권의 책이 있어. 각자 좋아하는 책을 골라봐." 《지각대장 존》, 《앤서니 브라운의 마술 연필》, 《폭풍우 치는 밤에》, 《고 녀석 맛있겠다》를 펼쳐두었습니다. "나는 이거." 둘째는 《지각대장 존》을 골랐습니다. "저는 이거요." 큰애는 《앤서니 브라운의 마술 연필》을 골랐습니다. 우리 애들은 취향이 분명한 편입니다. 내심 《폭풍우 치는 밤에》와 《고 녀석 맛있겠다》를 골라주길 바랐지만, 아쉬움을 뒤로한 채 아이들에게 말했습니다.

"좋아, 이제부터 한 달 동안 이 두 작가의 작품을 집중적으로 볼 거야. 어려운 거 아니고 재미있을 거야."

좋아하는 작가 활용하기

정근이는 아직 어려서 저와 한 팀이 되었고, 경환이는 혼자 해보기로 했습니다. "일단 너희들이 고른 저자의 책들을 여러 권 찾을 거야. 책 검색하는 방법은 여러 가지가 있지만 크게 두 가지가 있어. 제목을 검색하는 것과 작가 이름으로 검색하는 것. 어떤 게 좋을까?" "제목이요." "그래? 그럼, 앤서니 브라운 책 아는 거 말해볼까?" "음,《앤서니 브라운의 마술 연필》,《고릴라》,《돼지책》, 그리고 아빠 얼굴이 크게 그려져 있는 거요." 큰애가 여러 권을 검색하느라 힘든지 머리를 감싸며 인상을 찡그립니다. "검색창에 제목을 치면 그 제목의 책이 나오지. 그런데 작가 이름을 치면 그 작가가 쓴 책이 다 나오는 거야. 물론 도서관에 있는 책들만 나오겠지. 우리 한번 해볼까?"

큰애는 도서관 검색대에서 두 번째 방법으로 책을 찾아봅니다. "엄마, 신기해요. 제가 '앤서니 브라운'이라고 쳤는데 페이지만 세 쪽이 나왔어요." "그럼, 나온 청구기호를 전부 적어보자."

큰애는 수첩을 꺼내 능숙하게 청구기호를 적습니다.

존 버닝햄의 책은 제가 검색했습니다. "정근이는 엄마랑 한 팀이니까 엄마가 청구기호를 써 주면 가서 책을 찾아오는 일을 하는 거야. 할 수 있습니까?" "네네 엄마님." 어린아이들에게는 한글보다 숫자가 더 간단하지요. 0, 1, 2, 3, 4, 5, 6, 7, 8, 9. 10개의 숫자만 알면 큰 수도 찾을 수 있으니까요. 도서관 청구기호는 패턴이 있어서 몇 번 해보면 아이 혼자서도 쉽게 찾을 수 있습니다. 엄마가 미리 찾는 책들을 1cm 정도씩만 살짝 앞쪽으로 빼두면 아이가 훨씬 빨리 찾을 수 있답니다.

좋아하는 이유 말해 보기

우리는 유아실 바닥에 찾은 책을 펼쳐놓았습니다. 경환이가 찾아온 책이 다섯 권, 정근이가 찾아온 책이 다섯 권이었습니다. "우리 이번에는 책의 그림만 보고 특징을 말해 보자. 왜 이 작가 책이 좋은지 그림에서 좋아하는 부분이 있으면 말하면 돼. 엄마는 너희 둘이 말한 내용을 적어볼게." 아이들은 두 작가의 그림 특징을 이야기합니다. 먼저 큰애가 말했습니다. "앤서니 브라운 그림은요, 실제 같아요. 고릴라 털도 매끈매끈해 보이고, 사람들

표정도 진짜 같아요. 슬픔, 기쁨, 화나는 거, 다 그렇게 보여요. 저는 그 점이 좋아요. 이런 거 보면 무슨 말인지 잘 몰라서 두 번 세 번 읽게 되는데, 며칠 있다가 다시 보면 알 것 같아요. 수수께 끼 같아서 흥미로워요." 둘째가 말했습니다. "엄마, 존 버닝햄 그림은 좀 희한해. 이 선생님 표정을 보면 눈알이 튀어나올 것 같고, 이빨도 너무 커서 무서워. 존은 엄청나게 작고 불쌍해 보여." 첫째가 공감합니다. "맞아. 존 버닝햄 책은 말도 안 되는 일이 일어나는데, 그게 좋아요. 악어에게 엉덩이를 물린다거나, 선생님이 고릴라한테 잡혀 천장에 매달리거나, 산에서 떨어졌는데 구름 나라에 떨어진 것 같이 생각지도 못한 일들이 일어나는 게 재밌어요."

형이 이야기하자 둘째가 발끈합니다. "형, 존 버닝햄은 내 거야. 형이 말하면 어떻게 해." "그런 게 어딨어. 형도 존 버닝햄 책 중에서 좋아하는 거 있단 말이야." "충분히 그럴 수 있어, 정근아. 우리가 책만 나눠서 찾은 거지 두 사람 책을 다 보기로 했고, 존 버닝햄보다 앤서니 브라운 책을 좋아한다고 해서 존 버닝햄을 싫어하는 건 아니니까. 엄마가 아빠보다 더 좋다고 아빠를 싫어하는 건 아니잖아? 그렇게 생각하면 되는 거야. 화낼 일은 아니지 않을까?" 같이 활동하다 보면 이렇게 주제에서 벗어나는 일이 종종 일어납니다. 그럴 때는 얼른 상황을 종료하고 제자리로 돌아오면 됩니다.

"자, 이번엔 정근이가 앤서니 브라운 책 이야기를 해볼까? 정근이도 앤서니 브라운의 《돼지책》 좋아하잖아?" 정근이가 대답합니다. "음, 난 벽지에 돼지 얼굴이 있는 것도 재밌고, 아빠랑 아들이 돼지처럼 지저분하게 사는 것도 재밌어. 그리고 엄마가 마지막에 웃으면서 일하는 게 멋있어." "그건 저도 그래요. 엄마가 하고 싶은 일이 자동차 정비인 것도 놀라웠어요. 다른 책에서는 그런 걸 못 봤거든요. 그리고 아빠랑 아들이 돼지가 됐을 때 쌤통이라고 생각했어요. 어떻게 다시 사람이 될까 궁금했는데 결국 사람이 되더라고요."

대화 내용 써보기

이제 아이들 이야기를 발전시켜 볼 시간입니다. "좋아. 이제부터는 너희들이 이야기한 내용을 정리해서 대자보를 만들 거야. 중요한 내용들은 수첩에 적었으니 나머지는 집에 가서 해볼까?" 큰 전지에 아이들이 이야기한 내용을 다시 적어봅니다. 다음 표처럼 그림에 대한 의견과 글에 대한 의견으로 나눠서 적고, 아이의 표현에 엄마식 표현을 덧붙입니다.

	존 버닝햄	앤서니 브라운
글	• 말도 안 되는 일이 일어난다. (판타지 같은 일이 현실에서 일어난다.)	• 수수께끼 같은 말이 좋다. (상징 또는 비유적인 표현이 좋다.) • 엄마가 하고 싶어 하는 일이 자동차 정비인 것이 놀라웠다. (편견을 깨는 직업이 신선했다.)
그림	• 어떤 사람은 이빨이나 눈이 너무 크고 어떤 사람은 엄청 작다. (과장된다.)	• 그림이 진짜 사람 같다. (사실적이다.)

생각보다 긴 작업이었습니다. 두 작가의 작품을 좀 더 천천히 읽고 하루에 한 번씩 대자보를 채워나갔습니다. 방학이 끝날 무렵 대자보에는 두 작가의 작품 특징들이 가득했습니다. 우리는 이를 가지고 두 작가의 공통점과 차이점 찾기를 했습니다.

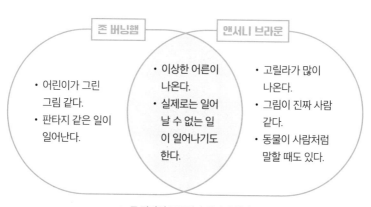

▲ 두 작가의 공통점과 차이점 찾기

여러 책을 비교하며 공통점과 차이점을 찾고 분류해 보는 것은 분석적 사고를 기르는 데 도움이 됩니다. 분석은 복잡한 현상이나 대상 또는 개념을, 그것을 구성하는 단순한 요소로 분해하는 일입니다. 아이들이 각자 좋아하는 작가가 있다는 것은 끌리는 '요소'가 있다는 뜻이죠. 그 요소들이 얽히고 섞여서 아이들을 사로잡는 것입니다.

저는 아이들이 책을 구성하는 요소에 집중하기를 바랐습니다. 그림책을 예로 들면 그림 스타일, 색깔, 채색 방식, 등장인물의 표정, 배경, 문체, 문장, 글의 전개 방식, 내용 지식, 그림과 글 사이의 관계, 표지의 상징성 등이 개별적인 요소가 될 것입니다.

책을 읽을 때는 이렇게 일일이 구분해서 읽을 수 없습니다. 그래서 여러 책을 비교해 보면서 각각을 구분해서 볼 수 있는 활동을 해보면 좋습니다. 아이들에게 '두 작가 비교하기' 경험은 도서관에서 책 읽기 이상의 즐거운 기억으로 남았을 거라 생각합니다. 적어도 저는 그랬으니까요.

같지만 다른 이야기로
감독의 재구성 따라잡기

수학머리 생각도구	추천 연령	수학 놀이터
공통점과 차이점 찾기	9~11세	집

정근이가 초등학교 2학년이 되던 해, 오랜만에 디즈니 실사 영화 〈알라딘〉이 개봉했습니다. 개인적으로 1990년대 애니메이션 〈알라딘〉의 램프 요정 지니를 좋아했는데, 배우 로빈 윌리엄스가 목소리 연기를 했죠. 귀여운 얼굴에 촐랑거리는 행동, 유쾌하고 매력적인 목소리의 지니 덕분에 보는 내내 흥겨웠던 기억이 납니다. 이번에는 지니 역으로 윌 스미스가 출연한다고 해서 더 기대되었습니다.

"엄마, 영화 재미있었어요. 그런데 전 알라딘이나 재스민보

다 지니가 훨씬 멋있었어요. 진짜 요정인 줄 알았어요." "엄마
는 재스민이 멋있던데." "엄마, 근데 〈알라딘〉도 원작이 있어요?"
"1992년 디즈니 애니메이션 〈알라딘〉이 원작이지." "보통 원작
이라고 하면 책 아니에요?" 정근이의 질문을 듣고 순간적으로 할
말을 잃었습니다. 아이들과 영화나 드라마를 볼 때면 원작이 있
는지 찾아보고 읽어보는 편인데, 이번에는 원작을 찾아볼 생각도
못해 '아차' 싶었거든요. "정근아, 학교 도서관에 있는지 찾아볼
래? 책 《아라비안나이트》에 실린 이야기라는 건 아는데 따로 책
이 있는지는 엄마도 잘 모르겠네."

서로 다른 알라딘 이야기

다음 날 정근이는 학교 도서관에서 시공주니어의 세계 옛 이야
기 시리즈 《알라딘의 마술 램프》라는 그림책을 빌려왔습니다.
저도 처음 보는 그림책이어서 정근이와 함께 읽었습니다. "엄마,
램프의 요정이 여잔가 봐요." "그러게 여태껏 램프의 요정이 뚱뚱
한 남자라고 알고 있었는데 충격이다. 선입견이 무섭네." 길지도
않은 이야기책에 깜짝 놀랄 포인트가 너무 많았습니다. "엄마, 첫
줄부터 실망이에요. '무스타파는 일도 안 하고 빈둥거리는 아들

알라딘을 걱정하다가 그만 병들어 죽고 말았지요.' 알라딘이 게으름뱅이였나 봐요. 원숭이 아부도 없고. 그런데 반지의 요정은 있네요." 정근이는 계속 "헐, 깜놀, 말도 안 돼"라는 말을 했습니다. 저도 사실 놀랐지만, 별말을 하지는 않았어요. 굳이 놀란 감정에 덧붙일 필요는 없으니까요. 이 책을 읽어보길 잘한 것 같습니다. 덕분에 재미있는 걸 해볼 수 있을 테니까요.

👩 **엄마**: 정근아, 우리 1992년에 나온 디즈니 애니메이션 〈알라딘〉도 보면서 이 그림책이랑 실사 영화랑 비교해 볼까? 재밌을 것 같지 않아?

👦 **정근**: 어떻게 하는 건데요?

👩 **엄마**: 만약에 어떤 영화감독이 동화를 보고 영화로 만들고 싶어졌더라도 동화를 그대로 옮기지 않고 필요 없는 인물을 빼거나 새로운 인물을 넣거나 아니면 인물의 성격을 바꾸기도 해서 새로운 창작물을 만들거든. 이런 걸 재구성이라고 해.

👦 **정근**: 동화에 있던 반지의 요정이 영화에는 없는 것처럼요?

👩 **엄마**: 그렇지. 창작이라는 게 꼭 아무것도 없는 것에서 만들어지는 건 아니야. 원래 있던 것에서 몇 가지를 바꾸면서 만들어지기도 하지.

👦 **정근**: 엄마, 그러면 동아리 친구들이랑 같이해도 돼요? 더 재미있을 것 같아요.

엄마: 오, 좋은 생각인데! 이렇게 된 거 이모들(친구의 엄마들)도 오라고
하자. 다 같이 맛있는 거 먹으면서 보면 좋겠다.

일이 커져 버렸지만, 다 같이 영화 보면서 노는 거라고 생각
하면 됩니다.

재구성된 부분 찾아내기

드디어 약속한 날이 되었습니다. 치킨에 피자까지 시키고 옛날
감성의 동화책 《알라딘의 마술 램프》을 함께 읽고 애니메이션도
봤습니다(실사 영화는 미리 보고 오는 게 숙제였습니다). 그런데 저랑 정
근이처럼 다들 애니메이션보다 동화에 더 충격을 받았습니다. 그
중 《알라딘의 마술 램프》의 내용을 아는 사람이 아무도 없었거든
요. "오늘은 정식 동아리 활동은 아니고, 일종의 번외편인데 모두
참여해 주셔서 고맙습니다. 저와 정근이가 제안하고 싶었던 건
실사 영화, 애니메이션, 원작 동화 이 세 가지를 비교 분석해 보는
거예요. 여러 사람의 생생한 의견이 중요할 것 같아요." 우리는
크게 등장인물, 스토리 변화, 이렇게 두 부분에 대해 생각해 보기
로 했습니다. 아이들 팀은 애들 방에서 정근이가 의견을 모으기

로 했고, 엄마들 팀은 안방에서 제가 의견을 모으기로 했습니다. 음악을 넣을까 말까 의견이 분분했지만 빼기로 했습니다.

제한 시간 20분이 지나고 우리는 모두 거실에 모였습니다. 아이들은 얼굴이 상기되어 있었습니다. "우리가 먼저 발표할게요. 등장인물은요. 책에는 알라딘, 알라딘 엄마, 재스민 공주, 술탄, 반지의 요정, 램프의 요정, 그리고 마법사가 나와요. 등장인물이 별로 없어요. 그런데 애니메이션에는 알라딘, 재스민, 마법사 자파, 원숭이 아부, 앵무새 이아고, 술탄, 목소리만 나왔지만 나레이터가 따로 있었고, 지니, 라자, 마법의 양탄자, 양탄자는 말은 안하지만 움직이기도 하고 알라딘한테 화도 내는 등 역할이 있다고 생각해서 넣었어요. 상인, 초반에 나오는 도둑, 경비대장, 다른 나라 왕자 등 인물이 책보다 훨씬 많아요."

아이들의 발표에 엄마들의 질문이 이어졌습니다. "책보다 애니메이션에 인물이 훨씬 많아졌네요. 그 이유는 무엇 때문이라고 생각하나요?" 승준이가 대답했습니다. 승준이는 동아리에서 조리 있게 말을 잘하는 아이입니다. "책은 아이들이 읽는 그림책이니까 줄거리가 간단해야 하지만 애니메이션은 한 시간 넘게 이야기를 풀어가고 있어 등장인물이 많아야 해요. 그래야 사건이 여러 개 나오고 더 재밌거든요. 제가 교회에서 연극을 해봐서 알아요." 정근이도 말했습니다. "알라딘이 재스민을 자연스럽게 만날 수 있었던 건 원숭이 아부 덕분이에요. 그리고 알라딘과 지니, 재스민의 상황을 마법사 자파가 알 수 있었던 것도 앵무새 이아고 때문이고요. 인물 간 다리 역할을 하는 동물들이 인상적이었어요. 호랑이 라자도 그렇고, 양탄자는 강아지 같다는 느낌을 받았어요. 등장인물이 많이 나오니까 이야기를 좀 더 진짜 같이 만들어 주는 것 같아요." 정근이도 만만치 않네요. 역시 아이끼리 묶어서 활동해야 결과가 더 좋은 것 같습니다. "하나만 더 질문해도 될까요? 애니메이션에 등장인물이 더 많은데 왜 반지의 요정은 나오지 않은 걸까요?" 하율이가 말했습니다. "요정이 2명이면 정신없을 것 같아요. 지금도 램프의 요정 지니가 알라딘보다 더 주인공인 것 같은데 반지의 요정까지 나오면 이상할 거 같아요." 자기 생각을 말하는 아이들을 보며 엄마들은 웃음 지으며 박수쳤습니다.

다음은 스토리에 대해 발표했습니다. "알라딘이 재스민이랑 결혼한 거랑, 요정을 만난 것, 마법사를 물리치고 행복하게 산 거는 비슷한데, 중간에 알라딘이 재스민이랑 만나게 된 과정이나 마법사가 악마같이 무섭게 나온 건 확실히 다른 것 같아요. 저희 생각에는 책보다 애니메이션이 스토리가 더 복잡했고, 애니메이션보다는 실사 영화가 훨씬 더 복잡했어요." "예를 들어서 어떤 부분인지 이야기해 줄 수 있을까요?" 승채가 말했습니다. "재스민이랑 알라딘이 시장에서 만나는 부분이요. 책에서는 자세히 나오지 않는데, 애니메이션에서는 아부가 재스민 물건을 훔치기 전에 알라딘이랑 재스민이 우연히 만나는 장면이 나와요. 또 시장 장면은 실사 영화보다 가짜 같았어요. 실사 영화에서는 길거리에 과일 파는 리어카랑 빨래 널린 장면 같은 게 더 진짜 같아서 복잡하다고 생각했거든요." 엄마들은 아이들의 이야기를 들으면서 책, 애니메이션, 실사 영화가 이렇게 다르다는 걸 확인했습니다.

아이들은 마지막으로 이런 이야기를 했습니다. "애니메이션을 볼 때는 알라딘이 잘생겨서 운이 좋다고 생각했어요. 재스민은 예쁘다고 생각했지 씩씩하다고 생각하지는 않았어요. 그런데 실사 영화에서는 알라딘이 잘생기진 않았는데 멋있다고 생각했어요. 지니가 도와주지 않아도 재스민을 지키려는 행동이 멋있었어요. 여자 술탄이 되겠다는 재스민도 멋있고요. 그 노래 있잖아요. 'Speechless' 노래를 부를 때는 진짜 비장해 보였어요." 이번엔 제가 끼어들었습니다. "너희들이 제대로 본 거라고 생각해. 영화는 감독이 말하고 싶은 이야기를 하는 거거든. 애니메이션은 가난한 평민과 공주의 사랑 이야기를 보여주고 싶었던 거고, 실사 영화에서는 두 사람의 신분보다는 인간 알라딘과 재스민에 초점을 맞춘 거지. 그래서 멋있게 보였다고 생각해. 두 작품이 다르게 보였던 건 감독의 재구성이 달랐기 때문이야."

아이들을 위한 명작동화가 창작자들에게 영감의 원천이 되어 재생산되는 경우가 많습니다. 백설공주, 신데렐라, 잠자는 숲속의 공주, 개구리 왕자, 라푼젤, 인어공주 전부 동화가 원작이고 애니메이션으로 나왔고, 뮤지컬이나 발레로 제작되기도 했죠. 아이들과 작품을 하나 보더라도 원작과 연결하면 이렇게 할 이야기가 풍성해집니다. 아이들은 재미있게 영화를 봤을 뿐인데, 분석과 재구성 능력치가 올라가게 되죠.

분석은 각 요소를 따로 떼어 보는 것이고, 재구성은 그 요소들의 순서를 바꾸거나 크기를 달리해서 통합하는 것입니다. 우리는 영화를 볼 때 등장인물, 배경, 사건 등을 따로 떼어 보지 않았습니다. 등장인물과 배경과 사건이 유기적으로 연결되면서 감동을 줍니다. 수학도 마찬가지입니다. 수학 개념들도 따로 존재하지만, 그 개념들을 통합적으로 이해할 때 '아하' 하고 깨닫게 된답니다.

백제로 떠나
수학을 대하는 마음 만들기

수학머리 생각도구	추천 연령	수학 놀이터
탐구하기	9~10세	박물관

첫째 경환이는 어릴 때부터 본인이 좋아하는 것 이외에는 관심이 없었어요. 그래서 다음 해에 학습할 것들은 미리 보여주려고 노력했죠. 수학, 영어, 국어, 과학 등 과목별로 접근하지 않고, 하나를 해도 통합적으로, 놀더라도 학습에 도움이 될 수 있도록 만들어주려고 애썼습니다.

초등학교 1학년 때는 농구를 하겠다고 자기 몸 절반 정도 되는 농구공을 들고 슛 연습만 하루에 두 시간씩 하기도 했고, 비가 아무리 와도 배드민턴을 하기로 했으면 해야 했습니다. 2학년 때는 음악줄넘기를 했고, 3학년부터 6학년까지는 일주일에 6일을 하루에 세 시간 이상 야구를 봤어요. 학교에서 플로어볼, 티볼 선수로 활약했고요. 그 와중에 피아노학원도 꾸준히 다녔습니다. 누가 봐도 예체능 자질이 다분한 아이입니다.

문제는 사람에 관심이 별로 없고, 공감하는 데 시간이 걸렸습니다. 신중한 성격이어서 표현하는 게 더 오래 걸렸던 것 같아요. 관찰력은 뛰어난 편이라 사물을 보거나 운동을 배울 때는 바로바로 핵심을 잡아내는데, 사람에 대해서는 반응 속도가 느리니 무슨 생각을 하고 있는지 모를 때가 많았습니다. 경환이는 최대한 몸으로 하는 활동을 많이 해야겠다고 생각했어요. 그래야 아이가 내면에서 느끼는 감정이나 생각을 한 번이라도 더 표현할 수 있을 것 같았거든요.

그렇다고 운동만 할 수 없는 노릇이라 제가 선택한 건 문화재와 그와 관련된 이야기였습니다. 문화재는 유물이니 오래 관찰하는 게 가능하고, 관찰을 하다 보면 호기심이 생길 테니까요. 그때 관련된 이야기를 하면서 문화재와 연결된 사람에 관심을 갖게 도와주면 자연스럽게 사람을 이해하는 마음을 표현할 수 있지 않을까 싶었습니다.

초등학교 5~6학년이 되면 사회 교과서에서 우리나라 역사를 배우니 미리 유물·유적과 친해 두면 좋습니다. 그래서 저는 경환이가 초등학교 2학년, 정근이가 4살이었을 때부터 가까운 박물관을 자주 방문했어요. 박물관에 가서 옛사람들이 왜 그런 물건을 만들어서 썼는지, 자연환경이 사람에게 어떤 영향을 미쳤는지 등 사람과 연관 지어 최대한 재미있게 이야기해 줬죠. 하지만 크게 관심을 보이지 않았어요. '딱 하나만 걸려라. 거기에서 모든 것이 시작될 것이다.' 박물관에 갈 때마다 주문을 외웠는데, 쉽사리 걸려들지 않았습니다. 그러던 2015년 어느 날, 경환이의 호기심을 깨운 그날이 왔습니다.

반짝이는 눈빛을 따라 백제로

우리 가족은 일요일 저녁이면 함께 KBS TV 프로그램 〈1박 2일〉을 봅니다. 그날은 '국보 마블'이라는 게임을 했는데, '모두의 마블' 게임판에 전국 각지의 국보들을 놓고 멤버들이 주사위를 던져 나오는 곳으로 이동해 국보를 공부한 후 퀴즈를 맞히는 내용이었습니다. 평소에 우리가 자주 보던 유물을 TV에서 만나니 얼마나 반가운지요. 마지막에 기상 미션으로 국립부여박물관에 있는 국보 287호 백제금동대향로를 보러 가는 장면이 나왔습니다. 그때 본 백제금동대향로가 묘하게 감동적이었는데, 저만 그런 게 아니었어요. 경환이와 정근이도 사랑에 빠진 눈빛이더군요. 특히 경환이는 롯데 자이언츠 이대호 선수를 보는 눈빛과 비슷했습니다. 드디어 찾았다!

우리는 경환이의 반짝이는 눈빛이 사라지기 전에 백제금동대향로 진품을 보러 가기로 했습니다. 부여는 크지 않아 낙화암이 있는 부소산성과 능산리 고분군도 근처라 백제금동대향로가 발굴된 터를 같이 보러 가는 것도 좋을 것 같았습니다.

저는 여행 계획을 짤 때 주로 지도를 펴 놓고 짭니다. 부여 안내도가 있으면 좋겠지만 아쉬운 대로 '전국도로 교통지도'를 펼쳤습니다. 1:25000 축척이어서 꽤 자세히 볼 수 있어요. 요즘 세상에 종이지도를 보는 사람이 있나 싶겠지만, 가족이 함께 보며 이야기하기에는 종이지도가 훨씬 용이합니다. 지도상에서는 부여 서쪽 지역에 백마강이 흐르고 있습니다. 백마강에는 유람선도 있다고 하니 타봐야겠죠.

백마강을 주제로 한 노래도 있습니다. 1940년에 가수 이인권이 부른 '꿈꾸는 백마강'입니다. 이 노래는 많은 후배 가수가 부르며 지금까지도 유명하다고 하네요. 가사가 좋은데 백마강, 고란사, 낙화암, 삼천궁녀, 계백장군, 황산벌 등 중요한 이야기는 다 들어있습니다. 이번에는 차로 이동해야 하니 차 안에서 이 노래를 함께 들으면서 가면 좋을 것 같네요. 아이들이 너무 옛날 노래라고 싫어하면 어쩌나 고민이 되지만 마땅한 백제 노래가 없으니 선택의 여지가 없겠지요. 부여에 도착한 우리는 제일 먼저 부소산성에 갔습니다. 산성이 꽤 험해서 올라가는 길이 힘들었습니다. 곳곳이 파헤친 흔적도 있었고요.

경환: 엄마, 왜 저렇게 구멍을 파고 있을까요?

엄마: 경환아, 백제유적지구가 세계문화유산 등재를 앞두고 있다고 하네. 아마 그거 때문이 아닐까?

경환: 세계문화유산이 뭐예요?

엄마: 인류를 위해 보호해야 할 가치가 있다고 여겨지는 유산을 유네스코 세계 유산 위원회가 정하는 문화재를 말해. 우리나라는 불국사, 석굴암, 경주역사유적지구, 그다음은 북한, 중국 유적이고 이번이 백제역사유적지구라는데, 잘 되면 좋겠다(2015년에 대한민국의 12번째 세계문화유산이 되었습니다).

경환: 세계문화유산으로 지정되면 좋아요?

엄마: 엄마도 잘 모르지만 아무래도 관리 예산이나 이런 면에서 도움이 될 것 같은데?

경환이는 확실히 현장에 와야 질문이 많아집니다.

역사에 숨겨진 재미있는 이야기

부여는 아기자기한 분지 지형인데 성의 위치가 특이했습니다. 경복궁만 봐도 뒤로 북한산을, 앞은 청계천을 끼고 있는 평지입니다. 그런데 부소산성은 산 위에 있고 바로 뒤에 절벽이 있습니다. 절벽 끄트머리에는 낙화암이 있고요. 바위가 어찌나 험한지 과연 여기에 의자왕과 삼천궁녀가 서 있을 수나 있나 싶었습니다.

경환: 엄마, 여기 엄청 좁고 뾰족해요. 이렇게 위험한데 왜 유명한 거예요?

엄마: 부소산성은 백제의 마지막 수도고, 백제와 나당 연합군의 마지막 전쟁이 황산벌 전투였어. 그때 백제군이 전멸했지. 나라가 망했으니 적군의 손에 죽임을 당하느니 깨끗하게 죽겠다며 여기서 뛰어내렸대. 뛰어내린 사람들이 왕의 후궁, 궁녀라는 이야기가 있어. 그래서 이름이 낙화암이 되었다고 해. 슬픈 이야기지.

경환: 그럼, 여기가 백제의 마지막 성인 거예요? 저는 백제금동대향로가 하도 예뻐서 백제가 엄청나게 잘 사는 나라라고 생각했어요.

엄마: 지금 네가 볼 때 세계에서 제일 잘 사는 나라가 어디인 것 같아?

경환: 미국? 미국 대통령 선거할 때는 우리나라 뉴스에도 맨날 나오니까 미국일 거 같아요.

👩 **엄마**: 네가 좋아하는 건축이나 그림, 축구를 잘하는 나라는? 그것도 미국일까?

👦 **경환**: 무슨 소리예요. 미국은 축구 못해요. 그리고 건축은 가우디죠. 전 스페인이 최고라고 생각해요.

👩 **엄마**: 백제도 그런 거 아니었을까? 국력이 최고는 아니지만, 예술은 최고인 나라가 백제였을 수 있지.

여기에서 우리가 나눈 이야기가 사실이냐 사실이 아니냐는 중요하지 않습니다. 역사의 현장에서 과거의 나라를 떠올리며 현재의 나라에 빗대어 보고, 그들의 모습을 상상해 본 것만으로도 의미 있다고 생각합니다.

우리는 다음 목적지인 고란사로 향했습니다. 그곳에 유람선 선착장이 있어 배도 타기로 했습니다. 가파른 계단을 내려가 배를 기다리면서 고란사를 구경했습니다. "여기에도 전설이 있대. 옛날에 어떤 노부부가 살았는데 아기가 없어서 기도했대. 그런데 꿈에 어떤 스님이 어디 어디에 가서 샘물을 먹으면 자식을 얻을 수 있다고 한 거야. 호기심 많은 할아버지는 그곳을 찾아가 샘물을 마셨지. 할머니는 아무리 기다려도 할아버지가 안 오니 혹시나 하고 샘물이 있는 곳으로 찾아가니 할아버지 옷을 뒤집어쓴 갓난아이가 있더래. 이 샘물은 먹으면 3년씩 젊어지는데 할아버지가 너무 욕심을 부린 거지. 결국 할머니는 아기를 데려다 키웠고, 나중에 그 아기가 커서 백제의 좌평(백제 최고위 관등)까지 올랐다는 이야기야. 우리도 샘물 먹고 젊어져 볼까?" 저와 남편이 물을 먹으려고 하자 아이들이 말렸습니다. "안 돼요. 우리보다 어려지면 어떻게요." 하하하, 귀여운 녀석들입니다.

유람선을 타고 백마강 쪽에서 다시 낙화암을 보는 데 마음이 아팠습니다. 경환이가 말했습니다. "엄마, 배에서 노래가 나오는데 아까 엄마가 틀어준 노래예요. 되게 슬픈 노래였네."

역사를 바라보는 태도로 수학을 본다면

우리는 배에서 내려 국립부여박물관으로 갔습니다. 이제 예열은 충분히 한 상태입니다. 아이들은 진품을 보러 간다는 사실에 마음이 들떠 있었습니다. 한 실이 오로지 금동대향로만을 위한 공간이었습니다. 까만 벽에 노란색 조명이 한줄기 비치고, 그 아래 무대의 주인공처럼 용 발톱을 세우고 있는 금동대향로를 보았습니다. 우리는 아무도 말하지 않았습니다. 10분 넘게 한 자리에서 서서 쳐다만 보았습니다.

박물관이나 미술관에 가서 작품을 볼 때도 한 자리에 서 있

▲ 백제금동대향로, 백제 6~7세기, 높이 61.8cm
(출처: 국립중앙박물관)

을 때가 있습니다. 작품과 교감하는 순간이죠. 향로의 위부터 아래까지 보고 또 보다가 밖에 나가서 설명 영상을 보고 와서 또 보고, 이걸 여러 번 반복했습니다. 경환이는 스마트폰으로 사진을 여러 장 찍더니 스마트폰 배경 화면을 금동대향로로 바꿨습니다. "엄마, 제가 들어오면서 봤는데요. 부여박물관 전단 몇 개 더 챙겨요. 제일 앞면이 금동대향로인데 진짜 잘 찍었더라고요. 저

여기 와서 너무 행복해요. 엄마 아빠 감사합니다." 진짜 좋았나 봅니다. 아이가 기뻐하는 모습을 보니 저희도 덩달아 기분이 좋아졌습니다. 기념품 가게에서 금동대향로 모형을 거금 3만 원이나 주고 샀습니다. 당분간 신줏단지처럼 모시고 살겠지요.

부여박물관에서 나오는 길에 능산리 고분군 쪽으로 갔습니다. 지금 저렇게 아름답지만, 어떤 형태로 발굴되었는지 보여주고 싶었거든요. "엄마, 이렇게 흙이랑 섞여 있고, 지저분하게 있던 걸 어떻게 이렇게 예쁘게 복원했을까요? 박물관에는 마법사들이 있나 봐요." "아마 매일 매일 몇 달 몇 년에 걸쳐 노력해서 복원했을 거야. 엄마는 너희들도 나중에 백제금동대향로처럼 아름다운 작품이 될 거라고 생각해. 그때까지 매일 잘 닦아줄게." 우리는 함께 신나게 웃었습니다.

수학이 그렇습니다. 개념의 정체도 가르쳐 주지 않고 공식부터 외우고 문제 유형을 암기하라고 하면 아이들은 수학 개념이나 문제에 그 어떤 감흥도 느낄 수 없습니다. 그런데 그걸 수학자들이 얼마나 힘들게 만들고, 잘못되면 고치고 또 고치고 하는 과정이 있었는지 알게 되면 수학을 대하는 자세가 다를 수밖에 없습니다. 기억에 더 오래 남을 것이고요. 우리가 역사를 바라보는 태도로 수학을 바라본다면 아마 수학이 점점 더 궁금해질 거예요.

별자리 찾으며
호기심 확장하기

수학머리 생각도구	추천 연령	수학 놀이터
탐구하기	7~12세	천문대

별을 좋아하는 아이들이 많습니다. 우리 아이도 그랬습니다. 저에게 별은 알퐁스 도데Alphonse Daudet의 《별》이나 파울로 코엘료Paulo Coelho의 《연금술사》에 나오는 별처럼 문학적인 감성을 불러일으키는 존재입니다. 아이에게 별은 우주의 별, 가까이 가면 뜨거울 수도 반대로 얼음장 같을 수도 있는, 지구와 같은 구球일 수도 있고 아니면 우주 먼지일 수도 있는 과학적인 관찰 대상이었죠.

매년 7~8월이면 페르세우스 유성우가 떨어지는데, 8월 8일부터 14일 사이에 자주 관측됩니다. 유독 페르세우스 유성우를 좋아하는 정근이 때문에 한 번은 별을 보러 평창으로 캠핑을 갔습니다. 하지만 주변 불빛이 너무 환해서 관찰에 실패했죠. 그다음 해에는 두 시간도 넘게 고생하며 강릉 안반데기에 올라갔지만, 어느 방향에서 관찰해야 볼 수 있는지 몰라서 실패했습니다. 몇 번 도전하다 말 줄 알았는데, 다음 해가 되니 어김없이 묻더군요. "엄마, 이번엔 어디로 가요? 올해는 꼭 보면 좋겠어요." 우리는 결국 천문대에서 제대로 관측하기로 했습니다. 몇 년의 염원이 쌓였고, 자주 볼 수 있는 것이 아니니 이번에는 준비를 잘해서 가야겠다고 생각했습니다.

호기심은 태도

아이가 가진 별에 대한 배경지식은 직녀별과 견우성, 북두칠성 정도였어요. 페르세우스 유성우는 이름이 근사해서 기억하는 것이지 페르세우스 별자리를 언제 볼 수 있는지, 어느 쪽 하늘에서 볼 수 있는지, 별자리 유래는 무엇인지 잘 몰랐습니다. 그동안 그리스 로마 신화를 많이 봤지만, 별자리와 연결하는 건 또 다른 문제였지요. 저는 어떤 방식으로 이 기회를 잘 살려야 별에 대한 호기심을 지속적으로 가져갈지 고민했습니다.

학원에서 많은 아이들이 커 가는 과정을 20년 넘게 지켜봤고, 한동네에 살면서 그 아이들이 성인이 되어 사는 것도 보니 삶에 대한 태도는 쉽게 바뀌지 않는다는 걸 알게 되었습니다. 사실 별에 대한 호기심보다 무엇이든 '호기심을 갖는 태도'가 중요한 것 같아요. 아이가 어떤 대상에 호기심이 생겼을 때 그것은 작은 불씨에 불과하죠. 그래서 살살 보듬어 후후 바람도 불어주고 불씨가 죽지 않게 조심스럽게 다뤄야 호기심이 커집니다. 어릴 땐 부모가 도와주어야 합니다. 함께 이야기도 나누고 관심을 가져야 아이가 계속 해서 호기심을 키울 수 있습니다.

이런 경험이 없는 아이는 중고등학생이 되면서부터 늘어난 학습량에 하루하루 학교생활에 치여 살아가기 바쁜 학생이 될 확률이 높아집니다. 바쁜 일상에 밀려 꾸역꾸역 하루를 살아가는 건 어른이 된다고 해서 달라지지 않습니다. 결국 아이는 좋아하는 것도, 하고 싶은 것도 없는 어른이 될지도 모릅니다. 아이가 별에 대한 호기심이 계속되길 바라는 건 이런 이유도 있습니다.

별을 보기 위한 준비

집에서 너무 멀지 않은 천문대를 예약했습니다. 2주 정도 시간이 남아 그사이에 아이와 별자리 이름과 모양, 유래 등을 탐구했습니다. 우선 알고 있는 지식을 확인해야 합니다. 우리 집은 방마다 식구들 별자리를 붙여놔서 자기 별자리는 알고 있었습니다.

🧑‍🦰 **엄마**: 정근이 별자리가 뭐지?

🧒 **정근**: 염소자리예요. 형은 처녀자리, 아빠는 전갈자리, 엄마는 물고기자리.

🧑‍🦰 **엄마**: 오 대단한데. 그런데 혹시 페르세우스 기억나?

🧒 **정근**: 그럼요. 제가 페르세우스를 얼마나 좋아하는데요. 메두사를 죽인 영웅이잖아요.

🧑‍🦰 **엄마**: 맞아, 그리스 로마 신화의 영웅이지. 페르세우스도 별자리 이름이야. 네가 좋아하는 페르세우스 유성우도 페르세우스자리에서 볼 수 있기 때문에 붙여진 이름이지. 그럼 페르세우스 아내는 기억나?

🧒 **정근**: 페르세우스가 바다에서 구한 사람이요? 안드로메다잖아요.

🧑‍🦰 **엄마**: 안드로메다 엄마는?

🧒 **정근**: 카시오페이아.

🧑‍🦰 **엄마**: 이 셋 다 별자리가 있다는 건 모르지? 이 셋은 가족이어서 별자리도 함께 있어. 셋 중 한 별자리만 찾아도 다른 별자리를 찾기 쉽다는 뜻이지. 카시오페이아는 잘난 척하다가 벌을 받아서 별

이 된 거거든. 하루의 반을 의자에 거꾸로 매달려 북극성 주위를 도는 벌을 받았대.

이날의 대화를 통해 아이는 그리스 로마 신화가 별자리와 관련이 많다는 것을 알게 되었죠. 그다음부터는 일부러 이야기하지 않아도 신화 속 인물 중 별자리 이름이 있는지 찾아보는 건 시키지 않아도 하게 되어 있지요. 관심은 옮겨 가니까요.

별자리 찾는 지도 그리기

며칠 후 우리는 이야기를 나눈 가족 별자리 판을 그리기로 했습니다. 약간 늦은 여름에 해당하니 여름철 별자리와 가을철 별자리 그림을 출력하면 됩니다. 저는 네이버에 여름철 별자리와 가을철 별자리를 검색했어요. 그중 그리기 쉬운 이미지를 선택해 출력해서 기름종이를 이미지 위에 대고 그렸습니다. 정근이가 별자리를 그리고, 별자리 이름은 아이가 읽어주면 제가 옮겨 적었죠. 아이와 함께 별자리 그림을 그리면서 아이는 같은 별자리라도 계절에 따라 방향이 달라질 수 있다는 걸 알게 되었고, 어떤 별자리는 여름이나 가을에 상관없이 계속 보인다는 것도 알게 되었습니다.

2주가 지나 드디어 천문대를 방문했습니다. 국내에서 페르세우스 유성우 관찰에 성공한 천문대는 두 군데 있습니다. 화천 조경철 천문대와 양평 중미산 천문대입니다. 조경철 천문대는 주변이 까매서 하늘만 봐도 별이 쏟아질 것 같고, 중미산 천문대는 산 중턱에 있어서 생각보다 환하지만, 자유 관찰 시간에 학예사 선생님이 함께해 깨알 정보를 들을 수 있어서 좋았습니다.

천문대를 방문할 때는 매년 장소를 바꿔서 가는 걸 추천합니다. 학예사 선생님마다 중점적으로 설명하는 방법이 다르거든요. 대부분 학예사 선생님은 학구적이어서 학생들의 질문에 열정적으로 대답해 줍니다. 저는 박물관이나 과학관보다 주제에 더 집중하기 좋은 곳이라고 생각해서 지금도 매년 아이들과 천문대를 갑니다.

북쪽 하늘을 보면 카시오페이아 별자리가 W자 모양으로 있어서 쉽게 찾을 수 있습니다. 별자리 모양이 특이해서 눈에 띄죠. 카시오페이아 별자리 왼쪽 아래가 바로 페르세우스자리입니다. 우리 가족이 관찰한 시간은 밤 10시경이어서 페르세우스자리가 너무 아래쪽에 있어 유성우 관찰이 어려웠습니다. 대신 여름철 대 삼각형, 직녀성, 알타이브, 데네브와 토성, 페르세우스자리 이중성단을 망원경으로 볼 수 있었어요. 별자리 판을 만들면서 별

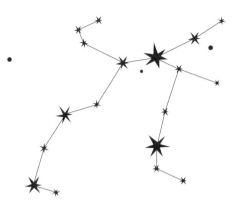

▲ 페르세우스 별자리 모양

자리가 움직인다는 걸 알게 되긴 했지만, 진짜 시간에 따라 별이 움직이는 걸 관찰하는 건 다른 문제였습니다. 아이는 페르세우스 유성우를 왜 밤 12시가 넘어야 볼 수 있는지 확실하게 알게 되었죠.

천문대가 우리에게 선물해 준 건 페르세우스자리를 보는 방법과 길잡이 역할을 하는 카시오페이아 별자리를 확실히 알아보는 방법, 그리고 자정이 넘으면 페르세우스자리가 북동쪽으로 올라오면서 유성우도 본격적으로 볼 수 있다는 정보였죠. 이제 기다리면 됩니다. 마치 낚시꾼이 물고기가 낚이길 기다리듯 기다리다 보니 드디어 유성우를 봤습니다.

수학으로 확장되는 별 이야기

별은 우주로 확장될 수도 있지만 시간, 달력, 계절, 각도, 피타고라스의 수 같은 수학 개념들로도 확장될 수 있습니다. 바빌로니아 사람들은 별자리로 길을 찾았고 피타고라스의 수들을 찾아내서 수학을 생활에 이용했습니다. 염소자리 같은 별자리도 바빌로니아인이 먼저 만들었고, 나중에 그리스 로마로 전승되어 페르세우스자리 같은 별자리가 생긴 거지요. 1시간은 60분, 1분은 60초와 같은 60진법, 각도를 재는 것도 바빌로니아인이 별을 관측하는 과정에서 생겼습니다.

초등학교 5학년 과학 교과서에 태양계와 별이 나옵니다. 별자리를 찾고, 별자리 지도 만들기도 하고, 나만의 별자리도 만들죠. 별에 대한 호기심이 지식으로 정착되기에 좋은 자극입니다. 중학교 3학년 과학 태양계 단원에서는 훨씬 더 수학적으로 발전된 지식인 북극성의 위치를 알아내는 방법, 지구에서 별까지의 거리를 재는 단위, 천체의 일주운동, 연주시차 등을 배우게 됩니다. 이때는 별 자체에 대한 호기심보다 과학자들이 천동설이 사실일지 의심했듯이 '계절마다 별자리가 바뀌어 보이는 것이 지구의 공전을 증명할 수 있을까?'와 같은 비판적인 시각으로 별을 바라보게 되겠지요. 그 과정에서 수학은 의심을 확신으로 바꾸는 도구가 됩니다.

　아직은 아이가 천문학에 쓰이는 수학을 이해할 수는 없어요. 다만 그들이 걸었던 과정을 천천히 음미하며 따라가다 보면 바빌로니아에서 그리스로, 프톨레마이오스를 거쳐 브라헤와 케플러까지 수학의 발전이 천문학을 어떻게 과학의 세계로 이끌었는지 이해하게 될 거라 기대해 봅니다.

대중교통으로
스스로 해결하는 힘 기르기

수학머리 생각도구	추천 연령	수학 놀이터
탐구하기	9~11세	도시

정근이의 친한 친구들은 5살 때부터 함께한 어린이집 동기입니다. 엄마끼리도 잘 맞습니다. 그러다 아이들이 초등학교 1학년이 끝나갈 무렵, 엄마들이 의기투합해서 동아리를 만들었어요. 제 머릿속의 동아리는 백화현 선생님의 《책으로 크는 아이들》에 나오는 동아리였습니다. 동아리를 만들면서 속으로는 학습에도 도움이 되는 동아리가 되면 좋겠다고 생각했죠. 이왕이면 체계적으로 활동하고 싶어서 '용산구 학부모 동아리'에 지원했는데, 구청에서 동아리 컨설팅도 해주었습니다. 그때 컨설팅해 준 사람

이 실제로 학교에서 교사 동아리를 운영하고 있던 선생님이었습니다. 그 선생님이 저희에게 말했습니다.

"학부모님들께서 이 동아리로 돌봄 품앗이를 하겠다고 생각하면 안 됩니다. 엄마들 친목 동아리인지, 아이들이 활동하는 동아리인지 구분해야 합니다. 지금 가지고 온 기획안은 학원이나 공부방과 다를 바가 없어요. 다시 한번 고민해 보세요." 이 말을 듣고 우리는 한 방 맞은 느낌이었습니다. 속마음을 들킨 기분이 들어 부끄러웠어요. '어른이 주도하고 아이가 따라오는 동아리가 무슨 의미가 있을까?' 아이는 아직 어리니 엄마가 큰 계획은 짜더라도 직접적인 활동만큼은 아이들이 주인공이 되어야 하는데 말이죠. 아이들 입에서 "동아리 또 하고 싶어요." 이 소리가 나오면 성공이라고 생각했습니다. 동아리를 꿈꿔온 세월이 적어도 4년은 족히 넘은 것 같은데, 이렇게 실천에 옮기는 순간까지도 동아리의 개념을 몰랐던 것 같습니다.

동아리 이름은 '아이와 함께 하나, 둘, 셋'입니다. 첫 번째 활동은 '지하철로 어린이대공원 찾아가기'였어요. 이제 갓 초등학교 2학년이 된 남자 어린이 4명과 1학년 여자 어린이 1명, 그리고 엄마 4명이 지하철 4호선 숙대입구역에서 탑승해 이수역에서 7호선으로 환승, 어린이대공원역에서 내리는 동선입니다. 저는 이미 학원 학생들을 데리고 롯데월드, 서울대공원 등을 대중교통을 이용해 간 경험이 있었고, 정근이가 어릴 때부터 버스나 지하철을 많이 탔기 때문에 크게 문제 될 일이 없었습니다. 하지만 다른 엄마들은 달랐습니다. 대부분 자가용을 타다 보니 아이와 함께 지하철로 (심지어 갈아타고) 이동한다는 것은 말도 안 되는 일이었습니다.

우리 아이 첫 지하철 여행

숙대입구역에 모일 때부터 아이들은 시끌시끌했고 지하철표를 살 때는 완전히 흥분 상태였습니다. 계단을 내려가다 뒤를 돌아서 친구를 찾는 모습을 보고 엄마들만 사색이 되었습니다. "조심하세요. 앞만 보고 내려가야지요. 뛰지 마세요. 계단에서 걸어가는 거예요." 동시에 세 엄마가 주의를 주니 더 정신이 없었지만, 꾹 참았습니다. 제가 인솔 교사였다면 매표하기 전에 아이들을 모아놓고 미리 알려주었겠지만, 지금은 인솔 교사가 아니라 엄마로 왔으니까요. 제가 굳이 나설 필요는 없었습니다.

아이들은 예상보다 침착했어요. 지하철을 탈 때도 내리는 사람들이 다 내릴 때까지 기다린 다음 질서 있게 탔습니다. 한 줄로 앉아서 도란도란 이야기도 나누고, 큰 소리로 말하지 않으면서 주의하는 모습이 대견했지요. "우리 어느 역에서 내려야 하지?" "제가 볼게요." 정근이가 나섭니다. 본인이 형이라도 된 듯 친구들을 이끕니다. "이수역이니까 하나, 둘, 셋, 넷, 다섯 정거장 가서 내리면 돼." 정근이와 친구들은 어느새 출입문 앞에 옹기종기 모여서 노선도를 보고 다음 역은 어딜까 이야기를 나눴습니다.

저는 갈아타야 하는 이수역에 도착하기 전에 아이들에게 환승 교육을 했습니다.

> 😊 **엄마**: 얘들아, 좀 전에 지하철 노선도 봤지요? 7호선이 무슨 색깔이었어요?
>
> 😀😊 **아이들**: 7호선 풀색이요.
>
> 😊 **엄마**: 맞아요. 그럼 우리는 숫자 7과 풀색 띠를 따라서 가는 거예요. 7호선 풀색 띠에 역 이름이 여러 개 있는데, 이 역 이름들은 우리가 가는 방향을 말해 줘요. 우리는 어린이대공원에 가야 하니까 이수역에서 어린이대공원 가는 방향은 '고속터미널' 또는 '장암'이네요.

이수역에서 내려 어른들 사이를 뚫고 열심히 걷는 아이들 뒷모습이 너무 예뻐 보였습니다. 7호선은 환승 통로가 길어서 한참을 걸어야 했는데, 아이들은 초긴장 상태로 짝꿍과 손을 잡고 걸었습니다. "고속터미널, 장암, 고속터미널, 장암" 아이들은 방향을 잊어버릴까 봐 주문 외우듯이 지하철역 이름을 말하며 걸었습니다.

드디어 7호선 장암 방향 열차를 탔습니다. 이제 꽤 오래 지하철을 타고 가야 합니다. 아이들은 노선도 색깔에 눈을 떴나 봅니다. 자기들끼리 역 이름을 이야기하며 잘 놉니다. 첫 4호선을 탈 때와 7호선으로 환승했을 때 아이들의 분위기가 달라졌습니다. 뭔가 대단한 일을 해낸 것처럼 뿌듯한 표정과 꼭 붙잡고 있던 손을 놓고 한결 여유 있는 자세로 역 이름 외우기에 집중했습니다. 자가용을 탔으면 스마트폰만 들고 앉아 있을 아이들이 친구들과 누가 더 많이 외우나 시합하더군요. 덩달아 엄마들 분위기도 달라졌습니다. 아이도 엄마도 여유가 생긴 걸 보니 그제야 저도 마음이 편해졌어요. 이날을 필두로 우리는 장장 3년간 대중교통을 이용해서 서울과 수도권 일대를 탐방했습니다.

독립의 날, 스스로 하는 힘 기르기

아이들이 초등학교 5학년이 되는 해 3·1절 날, 우리는 아이들을 독립시키기로 마음먹었습니다. 당시 아이들은 동아리 활동 외에도 여러 수업을 함께 들었는데, 한 달에 한 번 역사 수업이 있었습니다. 마침 3·1절에 서대문 형무소 역사관에서 수업이 있어서 이날을 독립의 날로 삼았습니다. "언니, 이번에는 애들끼리 서대문 형무소 역사관까지 가게 해볼까요?" 동아리 총무인 하율이 엄마의 제안이었습니다. "좋은 아이디어가 있어?" "애들끼리 서대문 형무소 역사관까지 가는 길을 검색해서 가게 하고, 우리 중 한명은 매표소 앞에서 대기, 다른 한 명은 애들이 출발하면 뒤따라서 몰래 가 보는 거예요." "재밌는 아이디어네. 일단 애들한테 제안해 보자."

아이들도 이번 도전을 흔쾌히 받아들였습니다. 버스로 가고 싶어 하는 아이도 있어서 지하철 3명과 버스 2명 팀으로 나눠 가기로 했습니다. 엄마들은 아이들의 제안에 맞춰 목적지인 형무소에 한 명, 지하철 한 명, 버스 한 명으로 역할을 정했습니다. 우리는 3·1절 아침 숙대입구 지하철역 앞에서 만나기로 했습니다.

드디어 결전의 날이 밝았습니다. 우리는 완벽한 작전 수행을 위해 서둘러 집을 나섰습니다. 독립운동가도 아닌데 아이들 눈을 피해 모자까지 눌러쓰고 잠복해 있다가 뒤를 밟았습니다. 저는 매표소에 가 있기로 했기 때문에 먼저 출발했습니다. 아이들과 다른 동선으로 이동하기 위해 서울역에서 출발했습니다. 버스 정류장에 미리 나가 있던 하율이 엄마가 몰래 아이들 사진을 찍어 운영진 메신저방에 올렸습니다. 어찌나 재미있던지요. 버스 팀은 아주 잘 탔습니다. 혹시나 아이들이 잘못 내릴 경우를 대비해 버스 번호와 번호판까지 찍어 공유했습니다. 지하철 팀은 승채 엄마가 뒤따랐습니다. 아이들은 충무로역에서 갈아타서 독립문역에서 잘 내렸습니다.

서대문 형무소 역사관 매표소 앞은 매우 복잡했습니다. 표를 미리 구매해 놓고 아이들을 기다리는데, 실시간으로 아이들의 동선을 공유받으면서도 왜 그리 불안하던지요. 멀리서 "정근이 이모, 정근이 이모" 하는 소리가 들렸습니다. "어, 왔구나. 버스 팀이 먼저 온 거야? 아니면 지하철 팀?" "우리 내기 안 했어요. 버스 타고 온 애들이 지하철역에서 기다렸다가 같이 온 거에요." 역사 선생님께도 아이끼리 왔다고 말했습니다. 아이들은 선생님의 칭찬을 듬뿍 받으며 당당한 표정으로 서대문 형무소의 자동 개표기를 통과했습니다.

부모는 아이의 자율성을 키워줘야 해요

처음 아이와 함께 지하철을 탔을 때 엄마의 태도는 집에서 수학 공부를 봐주는 부모의 모습과 흡사했습니다. 그런데 부모가 일

일이 간섭하고, 작은 항목 하나하나에 잔소리가 많아지면 아이들은 오히려 겁을 먹고 문제에 집중하지 못합니다. 아이들이 지하철을 갈아타는 문제를 해결할 때 풀색 띠를 따라가며 "고속터미널, 장암"을 몇 번씩 말하며 목표를 스스로 상기했듯이, 부모는 아이가 수학 문제를 해결할 때도 문제에 집중할 수 있게 해줘야 합니다.

수학 문제를 해결하는 방법으로는 '폴리아의 문제해결 4단계'가 있습니다. 문제 이해 → 계획 → 실행 → 반성입니다. 먼저 "무엇을 구하려는 걸까?" 그리고 기다립니다. 그다음 생각을 이어갈 수 있게 발문을 이어갑니다. "이 문제에서 조건이 뭘까?" "어떤 방법을 써야 하는 걸까? 혹시 네가 알고 있는 방법으로 이 문제를 해결할 수 있는지 한 번 생각해 볼래?" 아이가 어떻게 풀어야겠다는 계획이 서면 "그럼 네가 생각한 방법으로 풀어봐." 풀이를 마치면 마지막으로 "이제 네 방법이 맞는지 확인해 보자. 만약 네 방법대로 했는데, 해결이 안 되면 어떻게 방법을 바꿔야 할지 고민해 보자."

이런 발문의 역할은 지하철을 갈아타기 전에 아이들을 모아놓고 '7호선, 풀색 띠, 고속터미널, 장암' 중요한 포인트를 알려줬던 것과 비슷한 역할을 합니다. 아이들은 꼭 기억해야 할 큰 틀 안에서 문제해결 전략을 이용해 문제를 해결해 나가는 연습을 해야 합니다. 수학 문제뿐만 아니라 현실에서의 문제도 말이지요. 그 과정에서 부모는 큰 틀만 제시하고 아이가 스스로 할 수 있도록 여유 있고 담대하게 자리를 지키는 연습을 해야 합니다.

낯선 도시에서
배움의 기회 열어주기

수학머리 생각도구	추천 연령	수학 놀이터
탐구하기	10~12세	여행

가족과 함께 세계 일주를 한 박인순 작가의 《세상이 학교다, 여행이 공부다》를 읽은 건 2014년이었습니다. 제게 영감을 준 교사의 책들이 많지만, 이 책처럼 파격적으로 다가온 책은 드물었어요. 세 아이와의 관계를 회복하기 위해 22년 간의 교직 생활을 그만두고 500여 일 동안 세계 일주를 떠난 모습은 저에게 새로운 바람을 만들어줬습니다. '그렇지, 세상과 직접 부대끼면서 얻는 지식이 진짜지. 나도 아이가 초등학교 6학년이 되기 전에 꼭 세계 일주에 도전해야지.'

물론 생각한 일이 모두 현실이 되는 건 아니지요. 용기가 안 났습니다. 저는 남편과 함께 학원을 운영하고 있었고, 세계 일주를 떠난다면 다녀와서 무엇을 해야 할지 막막했으니까요. 남편은 당연히 말도 안 되는 이야기라 생각했습니다. 2018년이 되어 큰애가 초등학교 6학년이 되니 저는 초조해지기 시작했습니다. 그래도 꿈을 품었으니 뭐라고 해야겠다는 심정에 가까운 일본이라도 가보기로 했습니다.

드디어 떠나는 날이 한 달 앞으로 다가왔습니다. 그런데 설렘이 극에 달하고 있을 즈음, 우리의 목적지인 오사카에 지진이 일어났습니다. 당시로선 평소보다 큰 규모의 지진이어서 오사카 여행을 취소하는 사람들이 속출했습니다. 많이 고민했지만, 그간 품어온 바람을 막을 수는 없었습니다. 가족회의 결과 우리는 일정대로 진행하기로 했습니다.

아이들을 데리고 여행할 때는 보통 주제가 있는 여행을 하는 편입니다. 초등학교 사회, 과학 교과서에 나오는 주제나 문학 작품 속 장소를 돌아보면서 탐구하는 여행을 좋아하지요. 예를 들어 초등학교 과학 교과서에 나온 순천만 습지의 식물과 철새를 보러 간다면, 가는 길에 화순 고인돌 유적지를 거쳐서 벌교의 태백산맥 문학관에 들렀다가 순천만으로 가는 식으로 지역을 묶어서 여행합니다. 경주처럼 볼거리가 많은 곳은 신라 초기에서 시작해서 통일신라까지 시간순으로 유적을 탐방합니다. 그런데 오사카는 그렇게 하기에 굉장히 애매했습니다. 오사카성이 도요토미 히데요시의 성이고, 그는 임진왜란을 일으킨 주범이니까요. 역사나 자연보다는 대중교통으로 움직이기 쉬운 곳을 다니면서 현재의 일본에 좀 더 집중해 보기로 했습니다.

낯선 환경으로 들어가기

공항에서 오사카 시내로 들어오기 위해 난카이 라피트(특급열차)를 탔습니다. 난바역에서 내려 구로몬 시장을 끼고 숙소까지 가는 길은 구글 길 찾기를 이용했습니다. 구글맵 앱으로 움직이는 동선을 확인하며 걸으니 아이들도 신기해했습니다. 첫날은 숙소와 가까운 지하철역과 마트, 상점가, 시장 등의 위치를 파악하며 돌아다녔습니다.

여행을 가면 역과 주변 상가, 시장을 먼저 돌아보는 편인데, 그 지역의 윤곽을 파악하기에는 역과 시장이 좋기 때문이죠. 짧은 여행이라도 아이들이 여행지를 친밀하게 여겨야 겁 없이 여행에 동참할 수 있으니 웬만하면 걸어서 구경 다닙니다. 아이들은 생각보다 빨리 적응합니다. 아이들의 감각이 이렇게까지 예민하게 작동할 때가 있나 싶어요. 평소보다 집중력이 10배는 더 강해지고, 기억력도 2배 이상은 높아지는 것 같아 아이들이 갑자기 왜 이러나 싶죠.

저는 아이들의 생존 욕구가 능력을 배가시켰다고 봅니다. 익숙하지 않은 환경, 낯선 외국에서 부모랑 떨어지면 진짜 큰일 날 수 있으니 몸이 반응하지 않았을까 하는 거죠. 실제로 뭘 해도 투덜거리는 둘째가 힘든 티도 안 내고 잘 따라다니길래 물었더니 "엄마, 지금 제가 불평할 때가 아니에요. 정신 안 차리면 엄마를 잃어버릴 수도 있잖아요"라고 하더군요. 저는 여행과 같은 활동을 할 때 아이가 긴장하는 건 좋은 현상으로 봅니다. 환경이 변했는데 그러든지 말든지 하는 태도로 일관하면 배움이 일어나기 어려우니까요.

낯선 환경에서 배움의 기회는 생각보다 빨리 찾아왔습니다. 우리가 묵었던 숙소는 도톤보리 근처였는데, 다음 날 우메다 공중정원을 가기로 했습니다. 숙소 근처에는 닛폰바시역이 있어서 지하철을 타고 우메다역까지 가기로 했죠. 가족 중 누구도 일본어를 할 줄 아는 사람은 없지만, 한국 사람 많기로 유명한 오사카에서 지하철 타는 것 정도는 할 수 있을 거라고 생각했습니다. 구글 번역기도 있으니 급하면 번역기를 돌리면 되니까요. 그런데 막상 닛폰바시역 매표소에서 표를 사는데 빽빽하게 쓰여 있는 일본어를 보니 정신이 혼미해졌습니다.

한국 지하철은 숫자로 구분되어 있는데 오사카는 이름으로 구분되어 있고, 심지어 이름이 너무 길어서 힘들었습니다.

🧑 **엄마**: 자, 출발역 닛폰바시역과 도착역 우메다역 일본어는 어떻게 생겼죠?

🧑 **경환**: 엄마, 영어가 같이 쓰여 있어서 비교하면서 보면 될 것 같아요. 그리고 여긴 색깔이 중요한 거 같아요. 이 역은 분홍색이랑 갈색이잖아요. 우메다역은 빨강이네요. 여기서 한 정거장 오른쪽으로 가서 빨간색으로 갈아타면 돼요.

🧑 **엄마**: 노선도를 보고 네 말을 들으니 정리가 좀 되는걸. 표 사는 건 복잡하니까 아빠한테 번역기 좀 돌려보라고 하자.

지하철 노선도 읽는 법

왠지 경환이한테 좀 더 책임감을 부여해도 될 것 같네요. "경환아, 색깔을 보고 찾으면 될 것 같다는 아이디어를 네가 냈으니까 우메다역까지 가는 길은 네가 안내해 보면 어떨까? 물론 부담 갖지 않아도 돼." 경환이는 잠시 망설이더니 "좋아요. 저는 구글맵

없이 그냥 노선 표시만 따라가 볼게요. 우리나라 지하철이랑 비슷하겠죠." 경환이는 멋쩍은 웃음을 지으며 앞장섰습니다.

　우리는 경환이를 따라 개찰구로 들어갔습니다. 경환이는 색깔이 보였다지만 저는 숫자가 보였습니다. 닛폰바시역은 S17이고, 난바역은 S16, M20, 우메다역은 M16입니다. 여차하면 말해 주려고 했는데 괜한 참견이 될 것 같아 잠자코 따라갔습니다. 난바역까지는 한 정거장이었지만 방향을 잘 찾아서 타야 했습니다. 경환이는 벽과 천장 쪽을 몇 번씩 두리번거리더니 이내 방향을 정해 걸었습니다. "엄마 아빠, 큰 글씨가 한가운데 있지요? 이게 닛폰바시역 이름이고, 분홍색 선에 영어로 쓰여 있어요. 그리

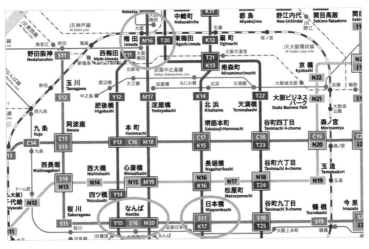

▲ 오사카 지하철 노선도 (출처: 오사카 메트로)

고 아래쪽에 역 이름이 2개 있잖아요. 우리는 왼쪽 난바역 쪽으로 가야 해요."

난바역은 닛폰바시역과는 비교도 안 될 정도로 많은 노선이 모이는 곳이라 큰 역입니다. 첫날 공항에서 고속 열차를 타고 내린 곳도 바로 난바역입니다. 경환이는 이번에도 벽을 보며 말했습니다. "여기 빨간색 선에 난바라고 있잖아요. M20인가 봐요. 화살표 방향이 지하철이 가는 방향이니 네 정거장만 가면 우메다역이네요. M16이에요. 아, M이 빨간색 미도스지 라인이고, 숫자가 역 번호네요. 이리로 가면 돼요." 결국은 숫자를 찾았네요. 앞서 걷는 경환이의 등이 훨씬 자신 있어 보입니다.

우메다역은 백화점까지 연결되어 있어서 더 복잡했습니다. 경환이가 나가자고 제안한 출구는 우리의 목적지인 우메다 공중 정원 쪽에서 거리가 멀었지만 상관없습니다. 이번 여행에서 이미 경환이는 낯선 곳에서 길 찾는 방법을 배웠으니까요. 여행 둘째 날부터는 돌아가면서 길 찾기 대장을 맡기로 했습니다. 정근이는 아직 어려서 밖에서 길 찾기는 무리라 호텔 내에서 대욕장 가는 길, 조식 먹으러 가는 길 등을 맡기로 했습니다. 흥미로웠던 건 대장이 바뀔 때마다 길을 안내하는 방식이 달랐지만, 어떻게 해서든 목적지를 찾아냈다는 것입니다.

각자 자기 수준에서 수학과 친해질 기회가 있으면 좋겠습니다. 초등학교 1학년은 1학년이 할 수 있는 범위에서, 6학년은 6학년이 할 수 있는 범위에서 수학과 친해질 수 있습니다. 그리고 부모는 지켜보길 바랍니다. 아이가 할 수 있는 선에서 해보다가 스스로 알아챌 수도 있고, 나중에 알게 될 수도 있습니다. 미리 질러가서 알려주려고 애쓰지 않아도 됩니다. 깨닫는 기쁨을 앗아갈 수도 있으니까요.

어려운 문제라도 끝까지 파고들기

수학머리 생각도구	추천 연령	수학 놀이터
탐구하기	8~12세	동네

우리 동네에는 효창공원이 있습니다. 이곳은 수종이 풍부하고, 여러 곤충이 계절마다 있고, 작은 연못도 있어서 봄이면 새까만 올챙이 떼를 볼 수 있어요. 비 오는 날 개구리 울음소리는 덤이지요. 아이들과 흙을 파고 놀 만한 장소가 널려있고, 모험을 할 만한 숲이 있으며, 농구나 배드민턴을 할 수 있는 체육시설도 있습니다. 게다가 임시정부 요인의 묘가 있고, 백범 김구를 비롯하여 삼의사 묘도 있는 역사의 현장이기도 합니다. 아이들을 데리고 이곳에서 숲 체험부터 역사 체험까지 안 한 것 없이 다 해봤습니

다. 씹고 뜯고 맛보고 즐기는 건 고기만이 아니지요. 저에게는 효창공원이 그러합니다.

아이들이 활동하기 좋은 곳은 대단하고 멋진 곳이 아닙니다. 제가 효창공원을 좋아하는 이유도 가깝고도 만만한 곳이기 때문입니다. 집에서 나오면 바로 앞에 있고, 특별한 것 없이 가도 늘 놀거리가 있죠. 아이들이 활동하기 좋은 곳은 그렇게 가고 또 가게 되는 애착 있는 곳이면 됩니다.

합리적 의심으로 시작된 봉사 열정

경환이가 중학교 1학년이 되었을 때 학교에서 외부 봉사활동을 장려했습니다. 마침 용산구 자원봉사센터에서 가족 봉사단을 모집 중이었고, 우리 가족은 가족 봉사단 2조에 속해서 다른 세 가족과 함께 봉사단을 운영했습니다. 우리 봉사단 이름은 '실천짱 봉사단'이었습니다. 2주간 교육도 받았는데 막상 봉사하려니 무엇을 해야 할지 막막했습니다. 만만한 게 효창공원이다 보니 일단 효창공원에서 쓰레기라도 줍자고 했습니다. 초등학교 2학년이 된 정근이도 참여했습니다.

그런데 쓰레기라 해봤자 담배꽁초가 대부분이었고, 그조차도 여럿이 줍다 보니 정근이가 할 일이 없어 울상이 되었습니다. "너는 덩치가 작으니까 덤불 쪽으로 들어가서 줍는 게 어떨까?" 하도 투덜거려서 나무 주위라도 치우라고 덤불 쪽으로 올려 주었습니다. 정근이는 덤불 아래로 기어들어 가더니 배변 봉투를 주어왔습니다. '어떻게 덤불 속에 배변 봉투를 버릴 수가 있지? 혹시 보이지 않는 곳에 더 많은 쓰레기가 있는 게 아닐까?' 저는 합리적 의심을 하게 되었습니다.

"실천짱 봉사단 여러분, 세 시간 동안 봉사해야 하는데 계속 담배꽁초만 주울 수는 없잖아요. 좀 전에 덤불 속에서 배변 봉투를 발견했어요. 지금부터는 덤불 속이나 구석에 안 보이는 곳, 풀숲 안쪽에 몰래 버린 쓰레기가 있는지 살펴보기로 해요." 봉사단 단장이었던 저는 이왕 하는 봉사면 의미 있는 활동을 하자고 제안했고, 단원들도 흔쾌히 동의했습니다. 역시 활동 목표가 중요한 것 같아요.

소심하게 담배꽁초만 줍던 봉사단원들의 눈이 갑자기 빛나기 시작했습니다. 우리는 덤불을 이 잡듯이 뒤지고, 원효대사 동상 뒤쪽이나 이봉창 의사 동상 근처까지 숨기기 좋은 장소는 다 뒤지고 다녔습니다. 배변 봉투, 물티슈 뭉치, 야구공, 가정용 쓰레기봉투 등 부피가 큰 쓰레기들이 굴비 엮이듯 줄줄이 나왔습니다.

우리는 출발 장소에 모여 쓰레기를 분류해 보기로 했습니다. 반려견 관련 쓰레기, 가정용 쓰레기, 일반 쓰레기로 구분했는데, 그 결과는 놀라웠습니다. 반려견 쓰레기가 압도적으로 많았어요. 그렇게 당분간은 효창공원에서 반려견 관련 쓰레기를 수거하기로 뜻을 모았습니다. 이날 이후 우리 가족이 봉사에 진심이 된 것은 두말할 나위가 없지요. 저와 남편은 덤불에 닿을 수 있는 긴 집게까지 개발했거든요(봉사는 장비 빨이니까요).

눈덩이처럼 커진 봉사활동

두 번의 봉사활동을 마친 후, 쓰레기를 줍기만 하는 것은 사후약방문 격이라는 생각이 들었습니다. 생각은 꼬리를 물어 반려견 주인의 의식을 바꾸는 캠페인을 벌이기로 했지요. 우리는 반려견 배변 봉투를 만드는 대진테크 업체에 캠페인 의도를 알리며 협찬해 줄 수 있는지 메일을 보냈습니다. 대진테크는 흔쾌히 배변 봉투 200롤(한 롤에 15매로 총 3,000매)을 보내주었습니다. 쓰레기 줍기로 시작한 효창공원 봉사가 눈덩이처럼 커지기 시작했습니다.

공원에서 사람들에게 배변 봉투를 나눠주며 서명까지 받는다

▲ 실천짱 봉사단의 '세상을 잇는 자원봉사': 배변 봉투 나눠주기

면 공원이 정말 깨끗해질 것만 같았어요. 그런데 배변 봉투를 공짜로 나눠줘도 반려견 견주들은 별로 달가워하지 않았습니다. 오히려 우리는 배변 봉투 관리를 잘하는데, 공원을 더럽히는 존재로 만드냐며 역정을 내는 사람도 있었죠. 신나서 달리다 철퍼

덕 넘어진 어린애가 된 기분이었습니다.

그런데 그날 활동을 마치고 이야기를 나누는 자리에서 학생들이 그러더군요. "저는 그냥 봉사 점수 따려고 시작했는데, 생각보다 엄청 큰일을 하는 것 같아서 뿌듯해요. 가족 봉사단 하길 너무 잘한 것 같아요." 제일 어린 정근이도 목청을 높입니다. "저는 더 힘든 봉사도 할 수 있을 것 같아요. 사람들이 말을 좀 막 해도 참을 수 있어요." 그중 한 학생의 말이 저에게 깨달음을 주었습니다. "학교에서 지각 안 하고 빨리 온 애들이 오히려 선생님께 잔소리 듣거든요. 아마 그분들도 그런 기분이었을 거예요." 공교롭게도 실천짱 봉사단원 중에는 반려견을 키우는 집이 없었어요. '아, 봉사한다고 해놓고 그분들을 가르치려고 들었구나.' 저는 캠페인을 할 때 캠페인 대상을 바꾸겠다는 식으로 바라보면 안 된다는 것을 깨달았습니다. 아이를 키울 때도 아이를 가르쳐서 내 방식으로 바꿔보겠다는 마음을 가장 경계했는데, 세상 사람을 대할 때도 마찬가지라는 것을 잊고 있었습니다.

이후 캠페인 문구와 내용을 설명하는 태도에 변화를 주자 사람들의 반응이 바뀌었습니다. 우리 봉사단은 참신한 봉사와 적극적인 반성으로 회를 거듭할수록 자원봉사센터 내에서 화제가 되었고, 급기야 연말에 성과공유회에서 우수 봉사단으로 인정받았습니다.

매일 가는 장소가 좋은 이유

가깝고 작은 우리 동네 효창공원. 소박한 곳이지만 여기서 모든 일이 벌어졌습니다. 여러분도 한 장소를 계속 파면서 다른 관점으로 보려고 해보세요. 오늘은 자연을, 내일은 역사를, 다음 날은 사람을 보게 될 거예요. 전체를 보지 말고 부분을 자세히 보세요. 자연에서 나무를, 나무 중에서 소나무를, 소나무에서 나뭇잎의 특징을 보는 겁니다. 그런 다음에는 나무껍질의 질감을 알아볼 수도 있겠죠. 그다음에는 솔방울을 들여다볼 수 있을 거예요. 어떤 날은 소나무의 송진 가루를 조사해 보면 재미있을 겁니다. 소나무만 2주일 넘게 탐구할 수 있어요.

이렇게 작은 것을 파고들며 관찰하는 연습을 하면 보잘것없던 작은 공원이 보물창고로 보이게 됩니다. 물론 새로운 곳에 가면 새로운 시야가 트이겠지요. 그렇지만 매번 새로운 장소를 찾고 방문하는 건 현실적으로 어렵습니다. 그리고 그런 곳은 오히려 깊이 있는 관찰을 하기 어렵죠. 어쩌다 한번 가는 크고 거창한 장소보다 아무 때나 쉽게 드나드는 내 집 앞 작은 공원이 더 좋은 이유입니다.

관찰과 탐구는 학습 태도와 관련이 깊습니다. 문제의식은 학습하는 이유, 가치와 관련이 깊지요. 학교와 집에서 일어난 일을 문제의식을 가지고 바라보는 것은 어려운 일입니다. 그 일에 나와 밀접한 사람들이 개입되어 있기 때문에 문제의식을 갖는 것 자체가 불편해질 수 있거든요.

그러나 나와 모르는 사람들의 문제는 다릅니다. 비판적으로 바라보기가 훨씬 수월합니다. 우리가 효창공원에서 한 봉사활동을 보면 이해가 될 거예요. 나와 어느 정도 거리는 있지만, 매일 가던 집 앞 공원이라 아이들은 어른들 도움 없이도 공원에 어떤 문제가 있는지 잘 관찰할 수 있었습니다. 그리고 그 문제를 해결해 보려고 계속 고민할 수 있었지요. 제가 아이들에게 해준 것이 있다면 '왜 이렇지? 어떻게 하면 될까?'와 같이 궁금증을 품고 질문한 것뿐입니다.

당시에 제 별명은 미스 마플이었습니다(애거사 크리스티의 추리소설 《미스 마플》에 등장하는 노부인으로 세인트 메리 미드 마을에 오랫동안 살면서 얻은 통찰력으로 영국 각지에서 일어난 살인사건을 해결한 탐정이죠). 저는 그저 한 동네에 좀 더 오래 산 연륜으로 아이들의 말과 행동에 살짝 힘을 실어주었을 뿐이랍니다.

지금까지 했던 모든 이야기의 궁극적인 목표는 '문제 만들기'와 '문제해결'입니다. '왜? 라고 묻기', '어떻게 해결할지 궁리해 보기', '궁리한 방법을 적용해 문제 풀어보기' 이 자체가 수학입니다.

감사기도로
반성적 사고 기르기

수학머리 생각도구	추천 연령	수학 놀이터
스스로 평가하기	4~12세	집

큰애가 6살 되던 해 1월에 시어머니께 전화가 왔습니다. "올해는 경환이 데리고 절대 물놀이 가지 마라." 난데없이 이게 무슨 소린가 싶었는데, 신점을 보셨다고 입춘날부터 기도하는 게 좋다고 하네요. 하하, 이런 말을 안 들었으면 몰라도 듣고 나니 왠지 걱정되었어요. 기도하면 좋다고 하니까 기도해야겠다고 생각했지요. 저는 모태 천주교여서 어릴 때부터 성당을 다니다 보니 제 마음속의 기도인 '하늘에 계신 우리 아버지…' 주기도문이 제일 먼저 떠올랐습니다(제 세례명은 세실리아입니다). 쇠뿔도 단김에 빼랬다

고 입춘까지 기다릴 필요 있나요? 그날 저녁부터 당장 시작했습니다(모태신앙과 신점이라 아이러니하지만 좋은 게 좋은 거니까요).

밤이 되어 잠자리에 들기 직전 아이에게 이렇게 말했습니다. "오늘부터 잠자기 전에 기도하려고 해. 네가 눈을 감고 있으면 엄마가 짧게 기도할 테니까 신경 쓰지 말고 자." 아이가 눈을 감았습니다. "하늘에 계신 우리 아버지…. 아멘." 딱 20초 걸렸습니다. 잠시 침묵이 흐르자 아이가 눈을 뜨며 물었습니다. "엄마, 끝난 거예요?" "응, 그래. 이제 자자." '아, 이게 아닌 것 같은데' 기도가 너무 짧았던 것 같네요. 민망한 마음에 큼큼거리며 잠을 청했습니다.

다음 날부터는 너무 짧았던 게 신경 쓰여 주기도문을 30번씩 암송했습니다. 그래도 찝찝한 기분은 사라지지 않았습니다. 아마 우리 집이 평소에 기도하던 집이 아니라서 그랬던 것 같아요. 그래도 여러 번 하다 보면 익숙해질 거라고 생각했습니다.

우연히 시작한 기도

일주일 정도 지나자 큰애가 그러더군요. "엄마 혼자 그러니까 이상해요. 뭐라고 하는 거예요?" 우리 집은 항상 이야기하고 인사하면서 잠자리에 들었는데 갑자기 엄마 혼자 뭐라 뭐라 떠드니까 아이가 볼 땐 이상하게 여길 만하겠단 생각이 들었습니다. '아이와 같이 할 만한 기도가 없을까? 에잇, 기도가 별거 있나. 감사하다는 말을 넣고 해보자.' 당시에는 감사기도에 관한 책도 없었기 때문에 특별히 감사기도가 어떤 효과가 있을 거라고 기대하진 않았습니다. 어머니 말씀을 듣고 뭐라도 해야지 안심이 될 것 같아서, 이왕이면 아이와 함께하고 싶은 마음에 시작했을 뿐입니다.

그날 밤부터 우리의 기도가 바뀌었습니다. "우리 경환이 발에서 발냄새가 안 나서 감사합니다." 아이가 깔깔 웃으며 말합니다. "엄마, 또. 또." "경환이가 엄마와 헤어질 때 씩씩하게 인사해서 감사합니다." "엄마, 아빠도 해줘." 참고로 우리 집은 가족이 모두 한방에서 잤습니다. "아빠도 하루 종일 군소리 없이 일해줘서 감사합니다." 아이와 책 읽는 동안 소외되어 있던 아빠도 슬그머니 기분이 좋아졌는지 인사를 했습니다. "잘 자요." 그날 밤은 모두 기쁜 마음으로 잠들었습니다.

다음 날 밤 아이는 자기도 감사기도를 하고 싶다고 했습니다. "그럼, 이번엔 경환이가 해볼까?" "어린이집 갈 때 엄마가 사진을 줘서 감사합니다." 일이 늦게 끝나서 미안한 마음에 옷 주머니에 엄마 증명사진을 넣어주었는데, 그걸 고맙다고 하니 눈물이 핑

돌았습니다. "또 없어?" "또 있어요. 간식으로 내가 싫어하는 치즈를 안 먹게 해준 선생님이 감사합니다." "어머, 경환이 언제부터 치즈가 싫었지? 원래 잘 먹지 않았어?" "몰라. 갑자기 먹기 싫어졌어." 아이에게 생긴 변화를 새롭게 알게 되었습니다. "아빠한테도 감사 인사할 거야. 팔도 아픈데 경환이 업어줘서 감사합니다." "아이고, 아빠도 고맙네." '그래, 이거다. 우리 집 기도는 돌아가면서 서로에게 감사를 전하는 거다.' 이날부터 감사기도는 우리 집의 마지막 의식이 되었습니다. 큰애가 6살일 때 시작된 감사기도는 중학교 1학년 여름까지 9년간 계속되었습니다.

아이가 사춘기가 온 이후로는 속마음을 이야기하는 시간이 되었습니다. 큰애가 초등학교 4학년이 될 무렵 처음으로 거짓말을 했습니다. 동네 형의 꼬임에 넘어가 학원에 가지 않고 놀러 간 것입니다. 겁이 많은 아이인데 아마 거짓말을 하고도 속이 편치는 않았겠지요. 피아노 선생님께 전화를 받아서 이미 사실을 알고 있었지만, 아이에겐 아무 말 하지 않고 케이크를 하나 샀습니다. 저녁 식사 후 가족이 모두 맛있게 케이크를 먹었지요. 그날 밤 저는 이렇게 기도했습니다. "오늘 처음으로 경환이가 거짓말을 했습니다. 경환이가 이제 사회성이 생길 만큼 큰 것에 감사합니다." 큰애가 깜짝 놀라면서 어쩔 줄을 몰라 하더니 일어나서 엉엉 울었습니다.

😊 **경환**: 엄마, 잘못했어요. 다시는 거짓말하지 않을게요.

😊 **엄마**: 울지마. 피아노 학원을 빠지고 친구랑 노는 건 나쁜 행동이 아니야. 하지만 선생님이랑 엄마한테 솔직하게 말하지 않고 거짓말로 넘어가려고 한 건 잘못된 행동이라고 생각해. 넌 기분이 어땠어?

😊 **경환**: 너무 떨렸어요. 혼날까 봐 불안하기도 하고요.

😊 **엄마**: 지금은 어때? 아직도 떨려?

😊 **경환**: 아니요. 엄마랑 이야기하니까 속이 시원해요.

😊 **엄마**: 그래, 불안하고 떨렸던 마음을 죄책감이라고 하는 거야. 네가 잘못했다고 여기는 마음인 거지. 엄마는 네가 죄책감을 갖는 건 좋지 않다고 생각해. 앞으로는 이런 일이 생기면 솔직하게 이야기해 주면 좋겠어.

감사기도가 학습에 끼치는 영향

감사기도 시간은 이제 기도를 넘어서는 시간이 되었습니다. 우리는 누워서 많은 이야기를 나눴습니다. 큰애가 고학년이 되자 학교 수업 시간에 있었던 일도 기도 소재로 나누게 되었습니다.

😊 **경환**: 엄마랑 같이 수학 공부해서 단원평가 잘 보게 돼서 감사합니다.

👩 **엄마**: 어머, 단원평가 잘 봤어? 얘기 좀 해봐.

🧒 **경환**: 엄마, 우리 어제 수학 교과서 볼 때 울타리 문제 있었잖아요.

👩 **엄마**: 어, 그래. 네가 이해 안 된다고 그림 여러 번 그려보면서 해봤던 거 말하는 거지?

🧒 **경환**: 네, 그 문제 비슷한 게 나왔는데 친구들이 그 문제가 아주 어려 웠나 봐요. 우리 반에 선행하는 애도 있는데 걔도 그거 틀렸어 요. 그래서 제가 알려줬거든요. 기분 엄청 좋더라고요.

👩 **엄마**: 오, 그런 일이 있었구나. 몇 번 설명했는지 몰라도 복습 엄청나 게 했겠네.

🧒 **경환**: 다섯 번은 복습한 것 같아요.

친구들에게 설명해 주는 기회가 있으면 창피해도 해보라고 권했는데 아이는 그 기회를 잘 잡은 것 같습니다. 친구에게 설명 하면서 아이는 본인이 알고 있는 것과 모르고 있는 것을 확실히 알게 되었을 거예요. 교사의 마음으로 친구가 무엇을 모르는지, 자기가 푼 게 맞는지 계속 돌아보면서 문제를 설명해 주었을 테 니까요. 이렇게 자기 생각을 돌아보는 것을 '반성적 사고'라고 합 니다. 반성적 사고는 학습에 필요한 고차원적인 사고력입니다. 문제해결 과정에서 작동하는 중요한 정신 능력이죠. 학습 과정과 결과를 깊이 있게 돌아보고 분석할 줄 알아야 공부도 잘합니다.

처음부터 의도하진 않았지만, 감사기도는 하루에 있었던 일 중 가족과 나누고 싶은 이야기를 돌아보는 기회가 되었습니다. 더불어 그 순간을 복기하고 표현하는 과정에서 결과적으로 반성적 사고를 훈련하는 시간이 되었습니다. 감사기도가 반성적 사고를 키우는 결정적 방법이라고 생각하지는 않습니다. 그래도 내가 하루에 있었던 일 중 감사한 것들이 뭐가 있을까 늘 염두에 두었다는 것, 그 일을 반추해 가족에게 이야기하며 표현했다는 것, 그것을 9년이나 했다는 것, 이것이 반성적 사고를 하게 만든 발판이 되었다는 것은 분명한 사실이랍니다.

놀면서
수학머리 키우기

'수학 학원 원장으로 24년' 제 프로필에 가장 굵직한 한 줄이에요. 대학을 졸업하자마자부터 학생들을 가르치기 시작해서 27살에 본격적으로 초등학생에게 수학을 가르쳤죠. 매년 가르치는 학생이 달라질 뿐 가르치는 내용은 대동소이해요. 20년 넘게 나름 혁신적으로 살려고 했지만, 비슷한 하루하루를 보내면서 매너리즘에 빠지게 되었죠. 그러다 코로나19로 일주일 동안 학원 문을 닫으면서 유튜브를 시작하게 되었습니다.

유튜브 '쑥샘 TV'는 지금은 유아와 초등 부모를 위한 교육 전문 채널이지만, 그때는 엄마표 수학을 하는 엄마들을 위해 수학 공부법을 알려주는 채널이었어요. 저는 초등 저학년은 엄마가 가르쳐야 한다는 생각이 확고했거든요. 엄마들에게 수학 교과서를 제대로 공부하는 방법을 알려주면 아이들이 수학 개념을 익히는 것에 도움을 줄 수 있을 것 같았습니다. 개념이 뭔지도 모르는 상태에서 문제집만 푸는 건 옳은 방법이 아니라고 생각했어요. 둘째 정근이와 교구로 수학 개념을 익히는 영상도 올리고, 집에서 아이와 수학 공부를 할 때 엄마의 자세가 어떠해야 하는지도 사람들에게 보여주고 싶었습니다.

왜 자꾸 엄마들에게 이야기하고 싶을까요?

유튜브를 하면서 어느 날 문득 궁금해졌어요. '난 왜 자꾸 엄마들에게 이야기하는 거지?' '왜 아이들에게 수학 문제집을 풀리는 엄마들을 보면 안타까운 거지?'

그 답은 1997~2022년까지 제가 학원을 운영했던 시절 속에 있습니다. 우리 학원은 시장길에 있었어요. 동대문 시장에서 원단이나 옷을 만들어 파는 공장들이 많은 곳이죠. 학원생 부모님 중에는 밤새워서 일하는 분들도 있었고요. 아이들 공부보다

생계가 시급한 동네였습니다. 학원을 하며 학생들과 보내는 시간이 길었지만, 엄마들의 이야기를 듣는 시간도 많았습니다. 그래서 아이들 학습뿐만 아니라 집안 사정을 속속들이 알게 되기도 했죠.

그때 공부보다 '정서', 지식보다 '문화'가 우선이라는 것을 깨달았습니다. 아이들 정서가 망가지면 공부에 집중하기 힘들어요. 집안의 문화가 아이들 학습에 미치는 영향은 학년이 올라갈수록 두드러지게 나타나죠. 지식은 학교와 학원에서 배울 수 있지만, 공부할 수 있는 사고력의 바탕은 가정에서 만들어지거든요.

단순히 머리가 좋거나 공부를 열심히 해서 공부를 잘하는 게 아니라 보다 근본적인 이유가 있을 거라 생각했습니다. 학교나 학원에서의 공부는 지엽적이기 때문이죠. 매일 몇 시간씩 함께 공부하더라도 같은 선생님이 한 아이를 몇 년 동안 맡는 것도 아니고, 부모만큼 일상에서 아이와 부대끼는 사람은 없으니 아이들에게 부모라는 환경은 정말 중요합니다.

내가 만들고 싶었던 우리집 문화

제 아이가 생기고 나니 오랫동안 학원 아이들을 보면서 마음속으로 생각만 했던 것들을 실천해 보고 싶었습니다. 아이들에게 좋은 정서와 더불어 생각하는 힘을 키우는 집 문화를 만들어 주고 싶었죠. 저도 일하는 엄마고, 아이들과 있는 시간이 한정적이지만, 그 시간에 어떻게 하면 정서와 생각하는 힘 두 마리 토끼를 다 잡을 수 있을지, 엄마도 아이도 온전히 즐기면서 유익한 시간을 보내려면 무엇을 하는 게 좋을지, 이런 고민 끝에 제가 제일 잘하는 것으로 해야겠다고 결정했습니다. 바로 책과 대화입니다.

이 책에는 첫째 아이가 초등학교 2학년부터 중학교 1학년까지, 둘째가 4살부터 초등학교 4학년까지 했던 활동들이 담겨있습니다. 일회성 활동도 있지만 보통 1~2년간 장기적으로 한 것들이 많습니다. 첫째 때는 뭔가 해보고 싶은 의욕은 가득했지만 잘 되지 않았어요. 헤맬 때가 더 많았죠. 수많은 시행착오를 거쳐 첫째가 초등학교 2학년 무렵부터 가닥을 잡았습니다. 엄마한테도 부담되지 않고, 반쯤 놀면서 하는 그런 활동들입니다. 대신 대화는 필수지요. 첫째가 10살, 둘째가 5살 될 때부터는 좀 더 체계적으로 활동을 기획했습니다. 둘째 때는 형과 다니며 쌓인 경험치도 있고, 마음 맞는 사람들과 동아리도 결성하며 덜 고생하며 더 의미 있는 경험을 했습니다.

아이들에게 반드시 '수학머리 생각도구'를 만들어 주리라 다짐하고 시작한 것은 아니었어요. 처음부터 이렇게 될 거라 확신을 가지고 했던 건 더더욱 아니고요. 그저 아이들과 놀면서 생각하는 힘도 조금 자라면 좋겠다고 생각했을 뿐입니다. 그때그때 주어진 대로 순간순간 즐거운 시간을 보내고 싶어 이리저리 궁리한 것이었는데, 이 책을 쓰며 돌이켜 보니 제법 잘 해온 것 같네요.

엄마들에게 당부하는 말

한편으로 걱정도 앞섭니다. 이 책이 가뜩이나 아이를 잘 키울 마음뿐인 엄마들에게 또 다른 과제를 부여하게 될까 봐요. 마지막으로 당부합니다. 이 책, 너무 진지하게 보지 마세요. 가볍게 보고, 우리 아이에게 맞춰서, 나에게 맞춰서 그냥 재밌게 따라 해보세요.

어떤 엄마는 책 읽기가 쉽고, 어떤 엄마는 그림 보기가 쉽고, 또 어떤 엄마는 동네 공원에 가는 게 쉬울 수 있습니다. 어떤 아이는 돌아다니면서 이야기하기를 좋아하고, 또 어떤 아이는 잠자리에 누우면 이야기를 시작할 수도 있고요. 아이가 또래보다 어릴 수도 있고, 어른스러울 수도 있어요. 활동에 적합한 나이와 장소를 적어놓은 이유는 저와 아이들의 모습을 상상해 보면서 우리집, 엄마 자신, 그리고 아이에게 맞춰서 선택했으면 하는 마음입니다.

첫술에 배부르려 하지 말고, 잊을 만하면 한 번씩 또 해보세요. 그러다 보면 몸에 익는 것들이 생깁니다. 생각할 틈 없이 자연스럽게 책에서 나왔던 대화들이 이루어진다면 이미 우리 집의 문화가 된 것입니다. 그쯤 되면 어느 곳에 가도 우리 가족의 대화를 통해 아이의 수학머리가 쑥쑥 크고 있을 거예요.

마지막으로 엄마의 시행착오에 적극적으로 동참해 준 아이들에게 감사하고, 나이를 먹어도 늘 하고 싶은 게 많은 아내를 20년 가까이 응원하고 지지해 온 남편에게 감사합니다.

제가 엄마표를 해보겠다고 마음먹은 그 순간부터 멘토였고, 지금은 함께 데카르트 수학책방을 운영하며 인생의 멘토가 되신 강미선 선생님께 감사드립니다. 강의를 하게 이끌어 주고 격려해 주신 오현주 님과 박나은 님께도 감사드립니다.

아이들과 했던 활동들이 교육적으로 매우 가치가 있다며 책을 내보자고 권해 주고, 만들어준 로그인 출판사 편집부 식구들과 최수진 님께 감사드립니다.

수학머리 키우는 대화법

초판 1쇄 발행일 2025년 4월 4일

지은이 정유숙
펴낸이 유성권

편집장 윤경선
책임편집 김효선   편집 조아윤
홍보 윤소담 박채원   디자인 프롬디자인
마케팅 김선우 강성 최성환 박혜민 김현지
제작 장재균   물류 김성훈 강동훈

펴낸곳 ㈜이퍼블릭
출판등록 1970년 7월 28일, 제1-170호
주소 서울시 양천구 목동서로 211 범문빌딩 (07995)
대표전화 02-2653-5131   팩스 02-2653-2455
메일 loginbook@epublic.co.kr
블로그 blog.naver.com/epubliclogin
홈페이지 www.loginbook.com
인스타그램 @book_login

로그인은 ㈜이퍼블릭의 어학·자녀교육·실용 브랜드입니다.